**建筑工程施工现场专业人员**
**岗位资格培训教材**

# 质量员
# 专业管理实务

主　编　张　鸿
副主编　孙翠兰
参　编　严树海　郝　哲

中国电力出版社
CHINA ELECTRIC POWER PRESS

## 内 容 提 要

本书紧扣《建筑与市政工程施工现场专业人员职业标准》(JGJ/T 250—2011)，以“专业技能任务”为原则，内容体现实用性。全书共11章，包括质量员岗位相关标准和管理规定，质量管理体系标准，建筑工程施工质量验收标准、层次划分、程序和组织，施工项目质量管理计划，工程项目建设程序，建筑工程施工准备的质量控制，建筑工程材料的质量管理，建筑工程施工过程质量控制，建筑工程施工质量检查与验收，工程质量缺陷、通病和质量事故处理以及建筑工程质量资料管理。最后附三套模拟题供读者参考。

本书既能满足建设行业质量员管理岗位人员持证上岗培训需求，又可满足建筑类职业院校毕业生顶岗实习前的岗位培训需求，还充分兼顾职业岗位技能培训和职业资格考试培训需求。

**图书在版编目（CIP）数据**

质量员专业管理实务/张鸿主编. —北京：中国电力出版社，2012.2（2013.12重印）
建筑工程施工现场专业人员岗位资格培训教材
ISBN 978-7-5123-2319-3

Ⅰ.①质… Ⅱ.①张… Ⅲ.①建筑工程－工程质量－质量管理－技术培训－教材 Ⅳ.①TU712

中国版本图书馆CIP数据核字（2011）第229988号

中国电力出版社出版发行
北京市东城区北京站西街19号 100005 http://www.cepp.sgcc.com.cn
责任编辑：周娟华 E-mail：juanhuazhou@163.com
责任印制：蔺义舟 责任校对：闫秀英
北京市同江印刷厂印刷·各地新华书店经售
2012年2月第1版·2013年12月第2次印刷
787mm×1092mm 1/16·10.75印张·256千字
定价：29.00元

**敬告读者**

本书封底贴有防伪标签，刮开涂层可查询真伪
本书如有印装质量问题，我社发行部负责退换

**版权专有 翻印必究**

# 前　言

根据住房和城乡建设部颁布的《建筑与市政工程施工现场专业人员职业标准》(JGJ/T 250—2011) 要求和有关部署，为了做好建筑工程施工现场专业人员的岗位培训工作，提高从业人员的职业素质和专业技能水平，我们组织相关职业培训机构、职业院校的专家和老师，参照最新颁布的新标准、新规范，以岗位所需的专业知识和能力编写了这套《建筑工程施工现场专业人员岗位资格培训教材》，涉及施工员、质量员、安全员、材料员、资料员等关键岗位，以满足培训工作的需求。

本书紧扣《建筑与市政工程施工现场专业人员职业标准》(JGJ/T 250—2011)，以“专业技能任务”为原则，内容体现实用性。本教材以够用、实用为目标，以建筑工程的任务背景作为载体，通过具体的专业技能任务来学习相关理论知识，知道现场质量员的职业能力和工作职责，掌握对建筑工程各分部工程和分项工程的质量验收，达到能够编制施工项目质量计划、评价材料和设备质量、确定施工质量控制点以及识别质量通病和质量缺陷，并进行分析和处理的能力。熟悉建筑工程测量和建筑施工组织、安全、文明等信息化施工要求，最终达到质量员专业知识和专业技能考试成绩同时合格，能通过专业能力评价考试。

全书共11章，包括质量员岗位相关标准和管理规定，质量管理体系标准，建筑工程施工质量验收标准、层次划分、程序和组织，施工项目质量管理计划，工程项目建设程序，建筑工程施工准备的质量控制，建筑工程材料的质量管理，建筑工程施工过程质量控制，建筑工程施工质量检查与验收，工程质量缺陷、通病和质量事故处理以及建筑工程质量资料管理。本书既能满足建设行业质量员管理岗位人员持证上岗培训需求，又可满足建筑类职业院校毕业生顶岗实习前的岗位培训需求，还充分兼顾职业岗位技能培训和职业资格考试培训需求。

本书由河北城乡建设学校张鸿担任主编，孙翠兰担任副主编，参与编写的人员有郝哲以及一直从事现场施工的中国电信公司高级工程师严树海。由于时间较仓促，更由于水平有限，不足之处敬请各位读者提出宝贵意见，以便进一步完善。

编　者

# 目　　录

第1章

# 质量员岗位相关标准和管理规定

现场质量员负责向工程项目班子所有人员介绍该工程项目的质量控制制度，负责指导和保证此项制度的实施，通过质量控制来保证工程建设满足技术规范和合同规定的质量要求，应保证工程的顺利完成，现场质量员基本职责如下：

## 1.1 岗位职责

质量员首先熟悉施工图纸、施工规范、标准，做好三控（事前控制、事中检查、事后验收），但同时也要做到三勤（口勤、手勤、腿勤），必须经常亲自深入现场，事先把问题在萌芽状态处理完毕，其职责如下：

### 1.1.1 施工准备阶段职责

事前控制对保证工程质量具有很重要的意义。质量员在本阶段的主要职责有以下三方面：

1. 建立质量控制系统

建立质量控制系统，制订本项目的现场质量管理制度，包括现场会议制度、现场质量检验制度、质量统计报表制度。制定质量事故报告处理制度，完善计量及质量检测技术和手段。协助分包单位完善其现场质量管理制度，并组织整个工程项目的质量保证活动。建章立制是保证工程质量的前提，也是质量员的首要任务。

2. 进行质量检查与控制

对工程项目施工所需的原材料、半成品、构配件进行质量检查与控制。重要的预订货应先提交样品，经质量员认可后方可进行采购。凡进场的原材料均应有产品合格证或技术说明书。通过一系列检验手段，将所取得的数据与厂商所提供的技术证明文件相对照，及时发现材料（半成品、构配件）质量是否满足工程项目的质量要求。一旦发现不能满足工程质量的要求，立即重新购买、更换，以保证所采用的材料（半成品、构配件）的质量可靠性。同时，质量员将检验结果反馈厂商，使之掌握有关的质量情况。

此外，根据工程材料（半成品、构配件）的用途、来源及质量保证资料的具体情况，质量员可决定资料检验工作的深度，通常可按下列情况掌握：

（1）免检：对于已有足够的质量保证资料的一般材料，或实践证明质量长期稳定，且质量保证资料齐全的材料。一般建筑企业很少对材料和半成品免检。

（2）抽检：对资料有怀疑或与合同规定不符的一般材料，材料标记不清或怀疑材料质量有问题，由工程材料重要程度决定应进行一定比例的实验，或需要进行追踪检验以控制其质量保证的可靠性。

（3）全部检查：对于重要工程或虽非重要工程，但属关键性施工部位所用的材料，为了确保工程适用性及安全可靠性要求而对材料质量严格要求时。

3. 组织或参与组织图纸会审

图纸审查包括学习、初审、会审、综合会审四个阶段。

图纸会审应以保证建筑物的质量为出发点，对图纸中有关影响建筑物性能、寿命、安全、可靠、经济等问题提出修改意见。图纸会审重点工作如下：

（1）设计单位技术等级证书及营业执照是否完整。

（2）对照图纸目录，清点新绘图纸的张数及利用标准图的册数。

（3）建筑场地工程地质勘察资料是否齐全。

（4）设计假定条件和采用的处理方法是否符合实际情况，施工时有无足够的稳定性，对完成施工有无影响。

（5）地基处理和基础设计有无问题。

（6）建筑、结构、设备安装之间有无矛盾。

（7）专业图之间、专业图内各图之间、图与统计表之间的规格、强度等级、材质、数量、坐标、标高等重要数据是否一致。

（8）实现新技术项目、特殊工程、复杂设备的技术可能性和必要性，是否有保证工程质量的技术措施。

图纸会审后，应由组织会审的单位，将会审中提出的问题以及解决办法详细记录，写成正式文件，列入工程档案。

### 1.1.2 施工阶段中的职责

施工阶段中进行质量控制称为事中控制。事中控制是施工单位控制过程质量的重点，而且施工过程的质量控制任务是繁重的。质量员在本阶段的职责是：按照施工阶段质量控制的基本原理，切实依靠自己的质量控制系统，根据工程项目质量目标要求，加强对施工现场及施工工艺的监督管理，加强工序质量控制，督促施工人员严格按图纸、工艺、标准和操作规程，实行检查认证制度。在关键部位，项目经理及质量员必须亲自监督，实行中间检查和技术复核，对每个分部分项工程均进行检测验收并签证认可，防止质量隐患发生。质量员还必须做好施工过程记录，认真分析质量统计数字，对工程的质量水平及合格率、优良品率的变化趋势作出预测供项目经理决策。对不符合质量要求的施工操作应及时纠偏，加以处理，并提出相应的报告。本阶段的工作重点是：

（1）完善工序质量控制，建立质量控制点，把影响工序质量的因素都纳入管理范围。

1）工序质量控制：施工工程质量控制就是要以科学方法来提高人的工作质量，以保证工序质量，并通过工序质量来保证工程项目实体的质量。

2）质量控制点：在施工生产现场中，对需要重点控制的质量特性、工程关键部位或质量薄弱环节，在一定的时期内，一定条件下强化管理，使工序处于良好的控制状态，这称为质量控制点。

建立质量控制点的作用，在于强化工序质量管理控制，防止和减少质量问题的发生。

（2）组织参与技术交底和技术复核。

技术交底与复核制度是施工阶段技术管理制度的一部分，也是工程质量控制的经常性任务。

1）技术交底的内容。

技术交底是参与施工的人员在施工前了解设计与施工的技术要求，以便科学地组织施工，按合理的工序、工艺进行作业的重要制度。在单位工程、分部工程、分项工程正式施工前都必须认真做好技术交底工作。

技术交底的内容根据不同层次有所不同，主要包括施工图纸、施工组织设计、施工工艺、技术安全措施、规范要求、操作规程、质量标准要求等。对于重点工程、特殊工程，采用新结构、新工艺、新材料、新技术的特殊要求，更需详细地交待清楚。分项工程技术交底后，一般应填写施工技术交底记录。

施工现场技术交底的重要内容有以下几点：

①提出图纸上必须注意的尺寸，如轴线、标高、预留孔洞、预埋件、镶入构件的位置、规格、大小、数量等。

②所用各种材料的品种、规格、等级及质量要求。

③混凝土、砂浆、防水、保温、耐火、耐酸和防腐蚀材料等的配合比和技术要求。

④有关工程的详细施工方法、程序、工种之间、土建与各专业单位之间的交叉配合部位、工序搭接及安全操作要求。

⑤设计修改、变更的具体内容或应注意的关键部位。

⑥结构吊装机械及设备的性能、构件重量、吊点位置、索具规格尺寸、吊装顺序、节点焊接及支撑系统等。

2）技术复核内容。

技术复核一方面是在分项工程施工前指导、帮助施工人员正确掌握技术要求；另一方面是在施工过程中再次督促检查施工人员是否已按施工图纸、技术交底及技术操作规程施工，避免发生重大差错。技术复核应作为书面凭证归档。

3）严格工序间交接检查。

主要作业工序包括隐蔽作业应按有关验收规定的要求由质量员检查，签字验收。隐蔽验收记录是今后各项建筑安装工程的合理使用、维护、改造扩建的一项重要技术资料，必须归入工程技术档案。

如果出现下述情况，质量员有权向项目经理建议下达停工令：

①施工中出现异常情况。

②隐蔽工程未经检查擅自封闭、掩盖。

③使用了无质量合格证的工程材料，或擅自变更、替换工程材料等。

### 1.1.3　施工验收阶段的职责

对施工过的产品进行质量控制称为事后控制。事后控制的目的是对工程产品进行验收把关，以避免不合格产品投入使用。具体内容为：按照建筑工程质量验收规范对检验批、分项工程、分部工程、单位工程进行验收，办理验收手续，填写验收记录，整理有关的工程项目质量的技术文件，并编目建档。本阶段质量员的主要职责是组织进行分项工程和分部工程的质量检查评定。

## 1.2 质量员基本工作

(1) 负责适用标准的识别和解释。

(2) 负责质量控制手段的介绍，指导质量保证活动。如负责对钢结构以及混凝土工程的施工质量进行检查、监督；对到达现场的设备、材料和半成品进行质量检查；对焊接、铆接、螺栓、设备定位以及技术要求严格的工序进行检查；检查和验收隐蔽工程并做好记录等。

(3) 组织现场实验室和质监部门实施质量控制。

(4) 建立文件和报告制度，包括建立一套日常报表体系。报表汇录和反映以下信息：将要开始的工作；各负责人员的监督活动；业主提出的检查工作的要求；在施工中的检验或现场试验；其他质量工作内容。此外，现场试验简报是极为重要的记录，每月底须以表格或图表形式送达项目经理及业主，每季度或每半年也要进行同样汇报，报告每项工作的结果。

(5) 组织工程质量检查，主持质量分析会，严格执行质量奖罚制度。

(6) 接受工程建设各方关于质量控制的申请和要求，包括向各有关部门传达必要的质量措施。如质量员有权停止分包商不符合验收标准的工作，有权决定需要进行实验室分析的项目并亲自准备样品、监督实验工作等。

(7) 指导现场质量监督员的质量监督工作。

## 1.3 质量员的职业道德

对于一个建设工程来说，项目质量员应对现场质量管理的实施全面负责，因此，质量员的人选很重要。其必须具备如下素质：

(1) 足够的专业知识。质量员的工作具有很强的专业性和技术性，必须由专业技术人员来承担，一般要求应连续从事本专业工作 3 年以上。此外，对于设计、施工、材料、测量、计量、检验、评定等各方面专业知识都应了解精通。

(2) 较强的管理能力和一定的管理经验。质量员是现场质量监控体系的组织者和负责人，具有一定的组织协调能力也是非常必要的，一般有两年以上的管理经验，才能胜任质量员的工作。

(3) 很强的工作责任心。质量员除派专人负责外，还可以由技术员、项目经理助理、内业技术员等其他工程技术人员担任。

## 1.4 质量员工作程序

### 1.4.1 参加图纸会审

(1) 对图纸的质量问题提出意见。

(2) 对施工中可能出现的技术质量难点提出保证质量的技术措施。

(3) 对质量“通病”提出预防措施。

### 1.4.2　提出质量控制计划

（1）将质量控制计划向班组进行交底。

（2）组织实施控制计划。

### 1.4.3　对材料进行检验

建筑材料质量的优劣，在很大程度上影响建筑产品质量的好坏。正确合理地使用材料，也是确保建筑安装工程质量的关键。

凡用于施工的建筑材料，必须由供应部门提出合格证明，对那些没有合格证明的或虽有证明，但技术领导或质量管理部门认为有必要复验的材料，在使用前必须进行抽查、复验，证明合格后才能使用。为杜绝假冒伪劣产品用于工程中，防止建筑施工中出现质量事故，事故中所用的钢材、水泥必须在使用前作两次检验。

凡在现场配制的各种材料，如混凝土、砂浆等，均需按照有资质的试验机构确定的配合比和操作方法进行配制和施工，施工班组不得擅自改变。初次使用的新材料或特殊材料、代用材料必须经过试验、试制和鉴定，制定出质量标准和操作规程后，才能在工程上使用。

### 1.4.4　对构件与配件进行检验

由生产提供的构件与配件不参加分部工程质量评定，但构件与配件必须符合合格标准，检查出厂合格证。

构件与配件检验一般分为门窗制作质量和钢筋混凝土预制构件质量检验。门窗制作质量检查数量，按不同规格的框、扇件数各抽查 5%，但均不少于 3 件。

### 1.4.5　技术复核

在施工过程中，对重要的或影响全工程的技术工作，必须在分项工程正式施工前进行复核，以免发生重大差错，影响工程的质量和使用。

技术复核的项目及内容：

（1）建筑物的项目及高程：包括四角定位轴线桩的坐标位置，各轴线桩的位置及其间距，龙门板上轴线钉的位置，轴线引桩的位置，水平桩上所示室内地面的绝对标高。

（2）地基与基础工程：包括基坑（槽）底的土质，基础中心线的位置，基础的底标高，基础各部分尺寸。

（3）钢筋混凝土工程：包括模板的位置、标高及各部分尺寸，预埋件及预留孔的位置和牢固程度，模板内部的清理及湿润情况，混凝土组成材料的质量情况，现浇混凝土的配合比，预制构件的安装位置及标高、接头情况、起吊时预测强度以及预埋件的情况。

（4）砖石工程：包括墙身中心线签证，皮数杆上砖皮划分及其竖立的标高，砂浆配合比。

（5）屋面工程：指沥青玛蹄脂的配合比。

（6）管道工程：包括暖气、热力、给水、排水、燃气管道的标高及坡度，化粪池检查井的底标高及各部分的尺寸。

（7）电气工程：办理变电、配电的位置，高低压进出口方向，电缆沟的位置及标高，送电方向。

（8）其他：包括工业设备、仪器仪表的完好程度、数量和规格，以及根据工程需要指定的复核项目。

### 1.4.6 隐蔽工程验收

隐蔽工程是指那些在施工过程中，上一道工序的工作结果将被下一道工序所掩盖，是否复核质量要求已无法再进行复查的工程部位。例如，钢筋混凝土工程中的钢筋，地基与基础工程中的地基土质、基础尺寸及标高，打桩的数量和位置等。为此，这些工程在下一工序施工以前，应由项目质量总监邀请建设单位、监理单位、设计单位共同进行隐蔽工程检查和验收，并认真办好隐蔽工程验收签证手续。隐蔽工程验收资料是今后各项建筑安装工程的合理使用、维护、改造、扩建的一项重要技术资料，必须归入工程技术档案。

注意，隐蔽工程验收应结合技术复核、资料检查改造进行，重要部位改变时还应摄像，以备查考。

以备工程验收项目与检查内容如下：

（1）土方工程：包括基坑（槽）或管沟开挖竣工图，排水盲沟设置情况，填方土料、冻土块含量及填土压实试验记录。

（2）地基与基础工程：包括基坑（槽）底土质情况，基底标高及宽度，对不良地基土采取的处理情况，地基夯实施工记录、打桩施工记录及桩位竣工图。

（3）砖石工程：包括基础砌体，沉降缝、伸缩缝和防震缝，砌体中配筋情况。

（4）钢筋混凝土工程：包括钢筋的品种、规格、形状、尺寸、数量及位置，钢筋接头情况，钢筋除锈情况，预埋件数量及其位置，材料代用情况。

（5）屋面工程：包括保温隔热层、找平层、防水层的施工记录。

（6）地下防水工程：包括卷材防水层及沥青胶结材料防水层的基层，防水层被地面、砌体等掩盖的部位，管道设备穿过防水层的固封处等。

（7）地面工程：包括地面下的地基土、各种防护层及经过防腐处理的结构或连接件。

（8）装饰工程：指各类装饰工程的基层情况。

（9）管道工程：包括各种给水、排水、暖、卫、暗管道的位置、标高、坡度、试压、通风试验、焊接、防腐与防锈保温，以及预埋件等情况。

（10）电气工程：包括各种暗配电气线路的位置、规格、标高、弯度、防腐、接头等情况，电缆耐压绝缘试压记录，避雷针接地电阻试验。

（11）包括完工后无法进行检查的工程、重要结构部位和有特殊要求的隐蔽工程。

### 1.4.7 竣工验收

工程竣工验收是对建筑企业生产、技术活动成果进行的一次综合性检查验收。因此，在工程正式交工验收前，应由施工安装单位进行自检与自验，发现问题及时解决。

建设单位收到工程验收报告后，应由建设单位（项目）负责人制作施工（含分包单位）设计、监理等单位（项目）负责人进行单位（子单位）工程验收。所有工程项目都要严格按照建筑工程施工资料检验标准和验收规范办理验收手续，填写竣工验收记录。竣工验收文件要归入工程技术档案。在竣工验收时，施工单位应提供竣工资料。

### 1.4.8　质量检查评定

建筑安装工程资料检验评定应按分项工程、分部工程及单位工程三个阶段进行。

1. 分项工程资料检验评定程序

(1) 确定分项工程名称：根据实际情况参照建筑工程分部分项工程名称表、建筑设备安装工程分部分项工程名称表确定该工程的分项工程名称。

(2) 主控项目检查：按照规定的检查数量，对主控项目各项进行质量情况检查。

(3) 一般项目检查：按照规定的检查数量，对一般项目各项逐点进行质量情况检查。对允许偏差各测点逐点进行实测。

(4) 填写分项工程质量检验评定表：将主控项目的质量情况、一般项目的质量情况及允许偏差的实测值逐项填入分项工程质量检验评定表内，并评出主控项目各项的质量。统计允许偏差项目的合格点数，计算其合格率。综合质量结果，对应分项工程质量标准来评定该分项工程的质量。工程负责人、工长（施工员）及班组长签名，专职质量检查员签署核定意见。

2. 分部工程质量检验评定程序

(1) 汇总分项工程：将该分部工程所属的分项工程汇总在一起。

(2) 填写分部工程质量评定表：把各分项工程名称、项数、合格项数逐项填入表内，并统计合格率，对应分部工程质量标准评定其质量。最后，由有关技术人员签名。

3. 单位工程质量检验评定程序

(1) 观感质量评定：按照单位工程观感质量评分表上所列项目，对应质量检验评定标准进行观感检查。

(2) 填写单位工程质量综合评定表：将分部工程评定汇总、质量保证资料及质量观感评定情况一起填入单位工程质量综合评定表内，根据这三项评定情况对照单位工程质量检验评定标准，评定单位工程质量。单位工程质量综合评定表填好后，在表下盖企业公章，并由企业经理或企业技术负责人签名。业主代表、监理单位、设计单位在该单位工程的负责人或企业技术负责人栏签名，盖上公章，报政府质监部门备案。

### 1.4.9　工程技术档案

1. 工程技术档案的内容

(1) 第一部分是有关建筑物合理使用、维护、改建、扩建的参考文件。在工程交工时，随同其他交工资料一并提交建设单位保存。其主要内容包括：施工执照复印件，地质勘探资料，永久水准点的坐标位置，建筑物测量记录，工程技术复核记录，材料试验记录（含出厂证明），构件、配件出厂证明及检验记录，设备的调整和试运转记录，图纸会审记录及技术核定单，竣工工程项目一览表及其预决算书，隐蔽工程验收记录，工程质量事故的发生和处理记录，建筑物的沉降和变形观测记录，由施工和设计单位提出的建筑物及其设备使用注意事项文件，分项分部及单位工程质量检验评定表，其他有关该工程的技术决定。

(2) 第二部分是系统积累的施工经济技术资料。其主要内容包括：施工组织设计、施工方案和施工经验；新结构、新技术、新材料的试验研究资料，以及施工方法、施工操作专题经验；重大质量和安全事故情况、原因分析及其补救措施的记录；技术革新建议、试验、采用、改进记录，有关技术管理的经验及重大技术决定；施工日记。

2. 工程技术档案管理

工程技术档案的建立、汇集和整理工作应当从施工准备开始，直到工程交工为止，贯穿于施工的全过程。

凡是列入工程技术的文件和资料，都必须经各级技术负责人正式审定。所有的文件和资料都必须如实反映情况，不得擅改、伪造或事后补做。

工程技术档案必须严加管理，不得遗失或损坏。人员调动必须办理交接手续。由施工单位保存的工程技术档案，根据工程的性质，确定其保存期限。由建设单位保存的工程技术档案应永久保存，直到该工程拆毁。

## 本章练习题

1. 在施工准备阶段质量员的职责是什么?
2. 质量员在施工阶段中的职责是什么?
3. 质量员的职业道德有哪些?
4. 质量员的工作程序有哪些?

第2章

# 质量管理体系标准

## 2.1 ISO 9000族核心标准

### 2.1.1 ISO 9000—2000《质量管理体系基础和术语》

此标准表述了ISO 9000族标准中质量管理体系的基础知识，明确了质量管理的八项原则，是ISO 9000族质量管理体系标准的基础。用通俗的语言阐明了质量管理领域所用术语的概念。

### 2.1.2 ISO 9001—2000《质量管理体系要求》

此标准规定了对质量管理体系的要求，供组织需要证实其具有稳定地提供顾客要求和适用法律法规要求产品的能力时应用，组织通过体系的有效应用，包括持续改进体系的过程及确保符合顾客与适用法规的要求增强顾客满意，成为用于审核和第三方认证的唯一标准，它用于内部和外部评价组织提供满足组织自身要求和顾客、法律法规要求的产品的能力。

该标准应用了以过程为基础的质量管理体系模式的结构，鼓励组织在建立、实施和改进质量管理体系及提高其有效性时，采用过程方法，通过满足顾客要求，增强顾客满意。ISO 9001标准重点规定了质量管理体系和要求，可供组织作为内部审核的依据，也可用于认证或合同目的，在满足顾客要求方面，ISO 9001所关注的是质量管理的有效性。

### 2.1.3 ISO 9004—2000《质量管理体系业绩改进指南》

此标准以八项质量管理原则为基础，帮助组织以有效和高效的方式识别并满足顾客和其他相关方的需求和期望，实现、保持和改进组织的整体业绩，从而使组织取得成功。

该标准提供了超出ISO 9001要求的指南和建议，不用于认证或合同的目的，也不是ISO 9001的实施指南，标准应用了以过程为基础的质量管理体系模式的结构，鼓励组织在建立、实施质量管理体系时提高其有效性和效率，再用过程方法，以便通过满足相关方要求来提高相关方的满意程度。同时该标准将顾客满意和产品质量符合要求的目标扩展为包括相关方满意和改善组织业绩，为希望通过追求业绩持续改进的组织推荐了指南。

### 2.1.4 ISO 19011—2000《质量和（或）环境管理体系审核指南》

该标准对于质量管理体系和环境管理体系审核的基础原则、审核方案的管理、环境和质量管理体系审核的实施以及对环境和质量管理体系审核员的资格要求提供了指南，它适用于所有运行质量和（或）环境管理体系的组织，指导其内审和外审的管理工作。

## 2.2 质量管理的八项原则

在 ISO 9000—2000 标准中增加了八项质量管理原则，这是在近年来质量管理理论和实践的基础上提出来的，是组织领导做好质量管理工作必须遵循的准则。八项质量管理原则是组织的领导者有效实施质量管理工作必须遵循的原则，同时也为从事质量管理的审核员和所有从事质量管理工作的人员学习、理解、掌握 ISO 9000 族标准提供帮助。

### 2.2.1 以顾客为关注焦点

组织依存于其顾客，因此，组织应了解顾客当前的和未来的需求，满足顾客要求并争取超越顾客期望。

顾客是组织存在的基础，顾客的要求应放在组织的第一位。最终的顾客是使用产品的群体，对产品质量感受最深，其期望和需求对于组织意义重大。对潜在的顾客也不容忽视，如果条件成熟，他们会成为组织的一大批现实的顾客。

实施本原则时一般要采取的主要措施包括：

（1）要调查识别并理解顾客的需求和期望，还要使企业的目标与顾客的需求和期望想结合。

（2）要在组织内部沟通，确定全体员工都能理解顾客的需求和期望，并努力实现这些需求和期望。

（3）要测量顾客的满意程度，根据结果采取相应措施和活动。

（4）系统地管理好与顾客的关系，良好的关系有助于保持顾客的忠诚，提高顾客的满意程度。

### 2.2.2 领导作用

一个组织的领导者，即最高管理者是在最高层指挥和控制组织的一个人或一组人。领导者要想指挥好和控制好一个组织，必须做好确定方向、策划未来、激励员工、协调活动和营造一个良好的内部环境等工作。

实施本原则时一般要采取的措施包括：

（1）要考虑所有相关方的需求和期望，同时在组织内部沟通，为满足所有相关方需求奠定基础。

（2）要确定富有挑战性的目标，要建立未来发展的蓝图。目标要有可测性、挑战性、可实现性。

（3）建立价值共享、公平公正和道德伦理概念，重视人才，创造良好的人际关系，将员工的发展方向统一到组织的方针目标上。

（4）为员工提供所需的资源和培训，并赋予其职责范围的自主权。

### 2.2.3 全员参与

各级人员是组织之本，只有他们的充分参与，才能使他们的才干为组织带来收益。实施本原则可使全体员工动员起来，积极参与，努力工作，实现承诺，树立起工作责任心和事业

心。为实现组织的方针和战略作出贡献。

实施本原则一般要采取的主要措施包括：

(1) 要让每个员工了解自身贡献的重要性。

(2) 要在各自的岗位上树立责任感，发挥个人的潜能，主动、正确地去处理问题，解决问题。

(3) 要使每个员工有成就感，意识到自己对组织的贡献，也看到工作中的不足，找到差距以求改进。

(4) 要使员工积极地学习，增强自身的能力、知识和经验。

### 2.2.4　过程方法

将活动和相关的资源作为过程进行管理，可以更高效地得到期望的结果。

过程方法或 PDCA（P—策划，D—实施，C—检查，A—处置）模式适用于对每一个过程的管理，这是公认的现代管理方法。

过程方法的目的是获得持续改进的动态循环，并使组织的总体业绩得到显著的提高。其通过识别组织内的关键过程，随后加以实施和管理并不断进行持续改进来达到顾客满意。

实施本原则一般要采取的措施包括：

(1) 为了取得预期的结果，系统地识别所有活动。

(2) 明确管理活动的职责和权限。

(3) 分析和测量关键活动的能力。

(4) 识别组织职能之间与职能内部活动的接口。

(5) 注重能改进组织活动的各种因素，如资源、方法、材料等。

### 2.2.5　管理的系统方法

质量管理的系统方法，就是要把质量管理体系作为一个大系统，对组成质量管理体系的各个过程加以识别、理解和管理，以达到实现质量方针和质量目标。

系统方法可包括系统分析、系统工程和系统管理三大环节。

实施本原则时一般要采取的措施包括：

(1) 建立一个最佳效果和最高效率的体系实现组织的目标。

(2) 理解体系内部过程的相互依赖关系。

(3) 理解为实现共同目标所必需的作用和责任。

(4) 理解组织的能力，在行动前确定资源的局限性。

(5) 设定目标，并确定如何运行体系中的特殊活动。

(6) 通过测量和评估，持续改进体系。

### 2.2.6　持续改进

进行质量管理的目的就是保持和提高产品质量，没有改进就不可能提高。持续改进是增强满足要求能力的循环活动，通过不断寻求改进机会，采取适当的改进方式，重点改进产品的特性和管理体系的有效性。改进的途径可以是日常渐进的改进活动，也可以是突破性的改进项目。

实施本原则时一般要采取的措施包括：

（1）持续改进组织的业绩。

（2）为员工提供有关持续改进的培训。

（3）将持续改进作为每位成员的目标。

（4）建立目标指导、测量和追踪持续改进。

### 2.2.7 基于事实的决策方法

对数据和信息的逻辑分析或直觉判断是有效决策的基础。以事实为依据，可以防止决策失误。

实施本原则可增强通过实际来验证过去决策的正确性的能力，可增强对各种意见和决策进行评审、质疑和更改的能力，发扬民主决策的作风，使决策更切合实际。

实施本原则时一般要采取的措施包括：

（1）数据和信息精确和可靠。

（2）让数据、信息需要者，都能得到信息、数据。

（3）正确分析数据。

（4）基于事实分析，作出决策并采取措施。

### 2.2.8 与供方互利的关系

供方提供的产品将对组织向顾客提供满意的产品产生重要影响，能否处理好与供方的关系，影响到组织能否持续稳定地向顾客提供满意的产品。

实施本原则时一般要采取的措施包括：

（1）在对短期收益和长期利益综合平衡的基础上，确立与供方的关系。

（2）与供方或合作伙伴共享专门技术和资源。

（3）识别和选择关键供方。

（4）清晰与开放的沟通。

（5）对供方所作出的改进和取得的成果进行评价，并予以鼓励。

## 2.3 质量管理体系文件的构成

企业是需要建立形成文件的质量管理体系，而不是只建立质量管理体系的文件。

建立质量管理体系文件的价值是便于沟通意图、统一行动，有利于质量管理体系的实施、保持和改进。所以，编制质量管理体系文件不是目的，而是手段，是质量管理体系的一种资源。

编制和使用质量管理体系文件是一项具有动态管理要求的活动。因为质量管理体系的建立、健全要从编制完善的体系文件开始，质量管理体系的运行、审核与改进都是依据文件的规定进行，质量管理实施的结果也要形成文件，作为证实产品质量符合规定要求及质量管理体系有效的证据。

在 GB/T 19000 中，质量管理体系应包括：

（1）形成文件的质量方针和质量目标。

（2）质量手册。

（3）质量管理标准所要求的各种生产、工作和管理的程序性文件。

（4）为确保其过程的有效策划、运行和控制所需的文件。

（5）质量管理标准所要求的质量记录。

不同准则的质量管理体系文件的多少与详略程度取决于：准则的规模和活动的类型，过程及其相互作用的复杂程度，人员的能力。

### 2.3.1　质量方针和质量目标

质量方针是组织的质量宗旨和质量方向，是实施和改进组织质量管理体系的推动力。质量方针提供了质量目标制定和评审的框架，是评价质量管理体系有效性的基础。质量方针一般均以简洁的文字来表述，应反映用户及社会对工程质量的要求及企业对质量水平和服务的承诺。

质量目标是指在质量方面所追求的目的。质量目标在质量方针给定的框架内制定并展开，也是组织各职能和层次上所追求的并加以实现的主要工作任务。

### 2.3.2　质量手册

1. 质量手册定义

质量手册是质量体系建立和实施中所使用主要文件的典型形式。

质量手册是阐明企业的质量政策、质量管理体系和质量实践的文件，它对质量体系作概括的表达，是质量体系文件中的主要文件。它是确定和达到工程产品质量要求所必需的全部职能和活动的管理文件，是企业的质量法规，也是实施和保持质量管理体系过程中应长期遵循的纲领性文件。

2. 质量手册的性质

（1）指令性：质量手册所列文件是经企业领导批准的规章，具有指令性，是企业质量工作必须遵循的准则。

（2）系统性：包括工程产品质量形成全过程应控制的所有质量职能活动的内容。同时将应控制内容，展开落实到与工程产品形成直接有关的职能部门和部门人员的质量控制，构成完整的质量管理体系。

（3）协调性：质量手册中各种文件之间协调一致。

（4）先进性：采用国内外先进标准和科学的控制方法，体现以预防为主的原则。

（5）可操作性：质量手册的条款不是原则性的理论，应当是条文明确、规定具体、切实可以贯彻执行的。

（6）可检查性：质量手册中的文件规定，要有定性、定量要求，便于检查和监督。

3. 质量手册的内容

（1）企业的质量方针、质量目标。

（2）组织机构及质量职责。

（3）体系要素或基本控制程序。

（4）质量手册的评审、修改和控制的管理办法。

4. 质量手册的作用

(1) 质量手册是企业质量工作的指南，使企业的质量工作有明确的方向。

(2) 质量手册是企业的质量法规，使企业的质量工作能从“人治”走向“法治”。

(3) 有了质量手册，企业质量体系审核和评价就有了依据。

(4) 有了质量手册，使投资者（需方）在招标和选择施工单位时，对施工企业的质量保证能力、质量控制水平有充分的了解，并提供了见证。

### 2.3.3 程序文件

质量管理体系程序文件是质量手册的支持性文件，是企业各职能部门为落实质量手册要求而规定的细则。

GB/T 19000 标准规定文件控制、记录控制、不合格品控制、内审、纠正措施和预防措施六项要求必须形成程序文件，但不是必须要 6 个，如果将文件和记录控制合为一个，将纠正和预防措施合为一个，虽然只有四个文件，但覆盖了标准的要求，也是可以的。

为确保过程的有效运行和控制，在程序文件的指导下，尚可按管理需要编制相关文件，如作业指导书、具体工程的质量计划等。

### 2.3.4 质量记录

质量记录可提供产品、过程和体系符合要求及体系有效运行的证据。组织应制定形成文件的程序，以控制对质量记录的标识（可用颜色、编号等方式）、贮存（如环境要适宜）、保护（包括保管的要求）、检索（包括对编目、归档和查阅的规定）、保存期限（应根据工程特点、法规要求及合同要求等决定保存期）和处置（包括最终如何销毁）。

质量记录应清晰、完整地反映质量活动实施、验证和评审的情况，并记载关键活动的过程参数，具有可追溯性的特点。

## 2.4 质量管理体系的建立和运行

### 2.4.1 建立质量管理体系的基本工作

建立质量管理体系的基本工作主要有：确定质量管理体系过程，明确和完善体系结构，质量管理体系要文件化，要定期进行质量管理体系审核与评审。

1. 确定质量管理体系过程

企业的产品是工程项目，无论其工程复杂程度、结构形式怎样变化，无论是高楼大厦还是一般建筑物，其建造和使用的过程、环节和程序基本是一致的。施工项目质量高楼体系过程，一般可分为以下 8 个阶段：

(1) 工程调研和任务承接。

(2) 施工准备。

(3) 材料采购。

(4) 施工生产。

(5) 试验与检验。

（6）建筑物功能试验。

（7）交工验收。

（8）回访与维修。

2. 明确和完善质量体系结构

企业决策层领导及有关管理人员要负责质量管理体系的建立、完善、实施和保持各项工作的开展，使企业质量管理体系达到预期目标。

质量管理体系的有效运行要依靠相应的组织机构网络。这个机构要严密完整，充分体现各项质量职能的有效开展。对建筑企业来讲，一般有集团（总公司）、分公司、工程项目经理部等各级管理组织，但由于其管理职责不同所建质量管理体现的侧重点可能有所不同，但其职责机构应上下贯通，形成一体。特别是直接承担生产与经营任务的实体公司的质量管理体现更要形成覆盖全公司的职责网络，该网络系统要形成一个纵向统一指挥。分级管理，横向分工合作、协调一致、职责分明的统一整体。一般讲，一个企业只有一个质量管理体系，其下属基层单位的质量管理和质量保证活动以及质量机构和质量职能只是企业管理体系的组成部分，是企业质量管理体系在该特定范围的体现。对不同产品对象的基层单位，如混凝土构件厂、试验室、搅拌站等作为应根据其生产对象和生产环境特点补充或调整体系要素，使其在该范围更适合产品质量保证的最佳效果。

3. 质量管理体系要文件化

文件是质量管理体系中必需的要素。质量管理文件能够起到沟通意图和统一行动的作用。

文件化的质量管理体系包括建立和实施两个方面，建立文件化的质量管理体系只是开始，只有通过实施文件化质量管理体系才能变成增值活动。

质量管理体系的文件共有 4 种：

（1）质量手册：规定组织质量管理体系的文件，也是向组织内部和外部提供关于质量管理体系的信息文件。

（2）质量计划：规定用于某一具体情况的质量管理体系要素和资源的文件，也是表述质量管理体系用于特定产品、项目或合同的文件。

（3）程序文件：提供如何完成活动的信息文件。

（4）质量记录：对完成的活动或达到的结果提供客观证据的文件。

根据各组织的类型、规模、产品、过程、顾客、法律和法规以及人员素质的不同，质量管理体系文件的数量、详尽程度和媒体种类也会有所不同。

4. 定期进行质量管理体系审核与评审

为了质量管理体系能够发挥作用，并不断改进提高工作效率，主要是在建立体系后坚持质量管理体系审核和评审活动。

为了查明质量管理体系的实施效果是否达到了规定的目标要求，企业管理者应制定内部审核计划，定期进行质量管理体系审核。

质量管理体系审核由企业任命的管理人员对体系各项活动进行客观评价，这些人员独立于被审核的部门和活动范围。质量管理体系审核范围如下：组织结构；管理与工作程序；人员、装备和器材；工作区域、作业和过程；在制品（确定其符合规范和标准的程度）；文件、报告和记录。

质量管理体系审核一般以质量管理体系运行中各项工作文件的实施程度及产品质量水平为主要工作对象，一般为符合性评价。

5. 质量管理体系的评审和评价

质量管理体系的评审和评价，一般称为管理者评审，它是由上层领导亲自组织的，对质量管理体系、质量方针、质量目标等项工作所开展的适合性评价。就是说，质量管理体系审核时主要精力应放在是否将计划工作落实，效果如何。质量管理体系评审和评价重点为该体系的计划、结构是否合理有效，尤其是结合市场及社会环境，对企业情况进行全面的分析与评价，一旦发现这些方面的不足，就应对其体系结构、质量目标、质量政策提出改进意见，以便企业管理者采取必要的措施。

质量管理体系的评审和评价也包括各项质量管理体系审核范围的工作。

与质量管理体系审核不同的是，质量管理体系评审更侧重于质量管理体系的适合性（质量管理体系审核侧重符合性），而且，一般评审与评价活动要有企业领导直接组织。

### 2.4.2 建立和完善质量管理体系的程序

按照国家标准 GB/T 19000 建立一个新的质量管理体系，或更新、完善现行的质量管理体系，一般有以下步骤：

1. 企业领导决策

企业主要领导要下决心走质量效益型的发展道路，有建立质量管理体系的迫切需要。建立质量管理体系是涉及企业内部很多部门参加的一项全面性的工作，如果没有企业主要领导亲自领导、亲自实践和统筹安排，是很难搞好这项工作的。因此，领导真心实意地要求建立质量管理体系，是建立、健全质量管理体系文件的首要条件。

2. 编制工作计划

工作计划包括培训教育、体系分析、职能分配、文件编制、配备仪器仪表设备等内容。

3. 分层次教育培训

组织学习 GB/T 19000 系列标准，结合本企业的特点，了解建立质量管理体系的目的和作用，详细研究与本职工作有直接联系的要素，提出控制要素的办法。

4. 分析企业特点

结合建筑施工企业的特点和具体情况，确定采用哪些要素和采用程度。要素要对控制工程实体质量起主要作用，能保证工程的适用性、符合性。

5. 落实各项要素

企业在选好合适的质量管理体系要素后，要进行二级要素展开。制定实施二级要素所必需的质量活动计划，并把各项质量活动落实到具体部门或个人。

一般，企业在领导的亲自主持下，合理地分配各级要素与活动，使企业各职能部门都明确各自在质量管理体系中应担负的责任、应开展的活动和各项活动的衔接办法。分配各级要素与活动的一个重要原则就是责任部门只能是一个，但允许有若干个配合部门。

在各级要素和活动分配落实后，为了便于实施、检查和考核，还要把工作程序文件化，即把企业的各项管理标准、工作标准、质量责任制、岗位责任制形成与各级要素和活动相对应的有效运行的文件。

6. 编制质量管理体系文件

质量管理体系文件按起作用可分为法规性文件和见证性文件两类。质量管理体系法规性文件是用以规定质量管理工作的原则，阐述质量管理体系的构成，明确有关部门和人员的质量职能，规定各项活动的目的要求、内容和程序的文件。在合同环境下这些文件是供方向需方证实质量管理体系适用性的证据。质量管理体系的见证性文件是用以表明质量管理体系的运行情况和证实其有效性的文件（如质量记录、报告等）。这些文件记载了各质量管理体系要素的实施情况和工程实体质量的状态，是质量管理体系运行的见证。

### 2.4.3　质量管理体系的运行

保持质量管理体系的正常运行和持续使用有效，是企业质量管理的一项重要任务，是质量管理体系发挥实际效能、发现质量毛病的主要阶段。

质量管理体系运行是执行质量体系文件，实现战略目标，保持质量管理体系持续有效和不断优化的过程。

质量管理体系的有效运行是依靠体系的组织机构进行组织协调，实施质量监督，开展信息反馈，进行质量管理体系审核和复审实现的。

1. 组织协调

质量管理体系的运行是借助于质量管理结构的组织和协调来进行的。组织和协调工作是维护质量管理体系运行的动力。质量管理体系的运行涉及企业众多部门的活动。就建筑企业而言，计划部门、施工部门、技术部门、试验部门、测量部门、检查部门等都必须在毛病、分工、时间和联系方面协调一致，责任范围不能出现空档，保持体系的有序性。这些都需要通过组织和协调工作来实现。实现这种协调工作的人，应是企业的主要领导，只有领导主持，质量管理部门负责，通过这种协调才能保持体系的正常运行。

2. 质量监督

质量管理体系在运行过程中，各项活动及其结果不可避免地会有发生偏离标准的可能。为此，必须实施质量监督。

质量监督有企业内部监督和外部监督两种，需方或第三方对企业进行的监督是外部质量监督。需方的监督权是在合同环境下进行的，就建筑企业来说，叫作甲方的质量监督，按合同规定，从地基验槽开始，甲方对隐蔽工程进行检查签证。第三方的监督，对单位工程和重要分部工程进行质量等级核定，并在工程开工前检查企业的质量管理体系。施工过程中，监督企业质量管理体系的运行是否正常。

质量监督是符合性监督。质量监督的任务是对工程实体进行连续性的监视和验证；发现偏离管理标准和技术标准的情况时及时反馈，要求企业采取纠正措施，严重者责令停工整顿。从而促使企业的责令活动和工程实体责令均符合标准所规定的要求。

实施责令监督是保证责令管理体系正常运行的手段。外部质量监督应与企业本身的质量监督考核工作相结合，杜绝重点质量事故的发生，促进企业各部门认真贯彻各项规定。

3. 质量信息管理

企业的组织机构是企业质量管理体系的骨架，而企业的质量信息系统则是质量管理体系的神经系统，是保证质量管理体系正常运行的重要系统。在质量管理体系的运行中，通过质量管理信息反馈系统对异常信息的反馈和处理，进行动态控制，从而使各项质量活动和工程实体质量保持受控状态。

质量信息管理和质量监督、组织协调工作是密切联系在一起的。异常信息一般来自质量监督，异常信息的处理要依靠组织协调工作，三者的有机结合，是使质量管理体系有效的保证。

4. 质量管理体系审核与评审

企业进行定期的质量管理体系审核与评审，一是对体系要素进行审核、评价，确定其有效性；二是对运行中出现的问题采取纠正措施，对体系的有效性进行管理，保持体系的有效性；三是评价质量管理体系对环境的适应性，对体系结构中不适用的采取改进措施。开展质量管理体系审核与评审是保持质量管理体系持续有效运行的主要手段。

## 2.5 质量认证

### 2.5.1 进行质量认证的意义

近年来随着现代工业的发展和国际贸易的进一步增长，质量认证制度得到了世界各国的普遍重视。通过一个公正的第三方认证机构对产品或质量管理体系作出正确、可信的评价，从而使他们对产品质量建立信心，这种做法对供需双方以及整个社会都有十分重要的意义。

(1) 通过实施质量认证可以促进企业完善质量管理体系。

(2) 可以提高企业的信誉和市场竞争能力。

(3) 有利于保护供需双方的利益。

(4) 有利于国际市场的开拓，增加国际市场的竞争能力。

### 2.5.2 质量认证的基本概念

质量认证是第三方依据程序对产品、过程或服务符合规定的要求给予书面保证（合格证书）。质量认证包括产品质量认证和质量管理体系认证两方面。

1. 产品质量认证

产品质量认证按认证性质划分，可分为安全认证和合格认证。

(1) 安全认证：对于关系国计民生的重大产品，有关人身安全、健康的产品，必须实施安全认证。此外，实行安全认证的产品，必须符合《中华人民共和国标准化法》中有关强制性标准的要求。

(2) 合格认证：凡实行合格认证的产品，必须符合《中华人民共和国标准化法》规定的国家标准或行业标准要求。

2. 质量认证的表示方法

质量认证有两种表示方法，即认证证书和认证合格标志。

(1) 认证证书（合格证书）：它是由认证机构颁发给企业的一种证明文件，它用以证明某项产品或服务符合特定标准或技术规范。

(2) 认证标志（合格标志）：它是由认证机构设计并公布的一种专用标志，用以证明某项产品或服务符合特定标准或规范。经认证机构批准，使用在每台（件）合格出厂的认证产品上。认证标志是质量标志，通过标志可以向购买者传递正确可靠的质量信息，帮助购买者识别认证的商品与非认证的商品，指导购买者购买自己满意的产品。

认证标志有方圆标志、3C 标志、长城标志和 PRC 标志四种标志。

3. 质量管理体系认证

质量管理体系认证始于机电产品，由于产品类型由硬件拓宽到软件、流程性材料和服务领域，使得各行各业都可以按标准实施质量管理体系认证。从目前的情况来看，除涉及安全和健康的领域产品认证必不可少之外，在其他领域内，质量管理体系认证的作用要比产品认证的作用大得多，并且质量管理体系认证具有以下特征：

（1）由具有第三方公正地位的认证机构进行客观的评价，作出结论，若通过则颁发认证证书。审核人员要具有独立性和公正性，以确保认证工作客观公正地进行。

（2）认证的依据是质量管理体系的要求标准，即 GB/T 19001，而不能依据质量管理体系的业绩改进指南标准即 GB/T 19004 来进行，更不能依据具体的产品质量标准。

（3）认证过程中的审核是围绕企业的质量管理体系要求的符合性和满足质量要求、目标方面的有效性来进行。

（4）认证的结论不是证明具体的产品是否符合相关的技术标准，而是质量管理体系是否符合 ISO 9001 即质量管理体系要求标准，是否具有按规范要求，保证产品质量的能力。

（5）认证合格标志，只能用于宣传，不能将其用于具体的产品上。

4. 进行质量管理体系认证的意义

近年来随着现代工业的发展和国际贸易的进一步增长，质量认证制度得到了世界各国的普遍重视。通过一个公正的第三方认证机构对产品或质量管理体系作出正确、可信的评价，从而使他们对产品质量建立信心，对供需双方以及整个社会都有十分重要的意义。

（1）通过实施质量认证可以促进企业完善质量管理体系。

企业要想获取第三方认证机构的质量管理体系认证或典型产品认证制度实施的产品认证，都需要对其质量管理体系进行检查和完善，以保证认证的有效性，并在实施认证时，对其质量管理体系实施检查和评定中发现的问题，均需及时地加以纠正，所有这些都会对企业完善质量管理体系起到积极的推动作用。

（2）可以提高企业的信誉和市场竞争能力。

企业通过了质量管理体系认证机构的认证，获取合格证书和标志并通过注册加以公布，从而也就证明其具有生产满足顾客要求产品的能力，能大大提高企业的信誉，增加企业的市场竞争能力。

（3）有利于保护供需双方的利益。

实施质量认证，一方面对通过产品认证或质量管理体系认证的企业，准予使用认证标志或予以注册公布，使顾客了解哪些企业的产品质量是有保证的，从而可以引导顾客防止误购不符合要求的产品，起到保护消费者利益的作用。并且由于实施第三方认证，对于缺少测试设备、缺少有经验的人员或远离供方的用户来说带来了许多方便，同时也降低了进行重复检验和检查的费用。另一方面如果供方建立了完善的质量管理体系，一旦发生质量争议，也可以把质量管理体系作为自我保护的措施，较好地解决质量争议。

（4）有利于国际市场的开拓，增强国际市场的竞争能力。

如今，认证制度已发展成为世界上许多国家的普遍做法，各国的质量认证机构都在设法通过签订双边或多边认证合作协议，取得彼此之间的相互认可，企业一旦获得国际上有权威的认证机构的产品质量认证或质量管理体系注册，便会得到各国的认可，并可享受一定的优惠待遇，如免检、减免税和优价等。

### 2.5.3 质量管理体系认证的实施程序

1. 提出申请

申请单位向认证机构提出书面申请。

(1) 申请单位填写申请书及附件。附件的内容是向认证机构提供关于申请认证质量管理体系的质量保证能力情况，一般应包括：一份质量手册的副本，申请认证质量管理体系所覆盖的产品名录、简介；申请方的基本情况等。

(2) 认证申请的审查与批准。认证机构收到申请方的正式申请后，将对申请方的申请文件进行审查。审查的内容包括填报的各项内容是否完整正确，质量手册的内容是否覆盖了质量管理体系要求标准的内容等。经审查符合规定的申请要求，则决定接受申请，由认证机构向申请单位发出“接受申请通知书”，并通知申请方下一步与认证有关的工作安排，预交认证费用。若经审查不符合规定的要求，认证机构将及时与申请单位联系，要求申请单位作必要的补充或修改，符合规定后再发出“接受申请通知书”。

2. 认证机构进行审核

认证机构对申请单位的质量管理体系审核是质量管理体系认证的关键环节，其基本工作程序是：

(1) 文件审核：文件审核的主要对象是申请书的附件，即申请单位的质量手册及其他说明申请单位质量管理体系的材料。

(2) 现场审核：现场审查的主要目的是通过查证质量手册的实际执行情况，对申请单位质量管理体系运行的有效性作出评价，判定是否真正具备满足认证标准的能力。

(3) 提出审核报告：现场审核工作完成后，审核组要编写审核报告，审核报告是现场检查和评价结果的证明文件，并需经审核组全体成员签字，签字后报送审核机构。

3. 审批与注册发证

认证机构对审核组提出的审核报告进行全面的审查。经审查若批准通过认证，则认证机构予以注册并颁发注册证书。

若经审查，需要改进后方可批准通过认证，则由认证机构书面通知申请单位需要纠正的问题及完成修正的期限，到期再作必要的复查和评价，证明确实达到了规定的条件后，仍可批准认证并注册发证。

经审查，若决定不予批准认证，则由认证机构书面通知申请单位，并说明不予通过的理由。

4. 获准认证后的监督管理

认证机构对获准认证（有效期为3年）的供方质量管理体系实施监督管理。这些管理工作包括供方通报、监督检查、认证注销、认证暂停、认证撤销、认证有效期的延长等。

5. 申诉

申请方、受审核方、获证方或其他方，对认证机构的各项活动持有异议时，可向其认证或上级主管部门提出申诉或向人民法院起诉。认证机构或其认可机构应对申诉及时作出处理。

## 2.6　质量管理体系标准案例

**【例 2 - 1】**　质量管理体系标准

(1) 背景

某企业按质量管理体系标准进行管理。

(2) 问题

1) 质量管理的八项原则是哪些?

2) 以顾客为关注焦点的原则是什么?

3) 持续改进采取的措施是什么?

4) 质量管理体系文件内容是什么?

5) 质量手册内容是什么?

6) 进行质量管理体系认证的意义是什么?

(3) 分析与解答

1) 质量管理的八项原则是:

①以顾客为关注焦点。

②领导作用。

③全员参与。

④过程方法。

⑤管理的系统方法。

⑥持续改进。

⑦基于事实的决策方法。

⑧与供方互利的关系。

2) 以顾客为关注焦点的原则是:

①要调查识别并理解顾客的需求和期望，还要使企业的目标与顾客的需求和期望想结合。

②要在组织内部沟通，确定全体员工都能理解顾客的需求和期望，并努力实现这些需求和期望。

③要测量顾客的满意程度，根据结果采取相应措施和活动。

④系统地管理好与顾客的关系，良好的关系有助于保持顾客的忠诚，提高顾客的满意程度。

3) 持续改进采取的措施是:

①持续改进组织的业绩。

②为员工提供有关持续改进的培训。

③将持续改进作为每位成员的目标。

④建立目标指导、测量和追踪持续改进。

4) 质量管理体系文件内容是:

①形成文件的质量方针和质量目标。

②质量手册。

③质量管理标准所要求的各种生产、工作和管理的程序性文件。

④为确保其过程的有效策划、运行和控制所需的文件。

⑤质量管理标准所要求的质量记录。

5）质量手册内容：

①企业的质量方针、质量目标。

②组织机构及质量职责。

③体系要素或基本控制程序。

④质量手册的评审、修改和控制的管理办法。

6）进行质量管理体系认证的意义：

①通过实施质量认证可以促进企业完善质量管理体系。

②可以提高企业的信誉和市场竞争能力。

③有利于保护供需双方的利益。

④有利于国际市场的开拓，增加国际市场的竞争能力。

## 本章练习题

1. 质量管理的八项原则有哪些？
2. 实施过程方法等这些原则一般要采取的措施包括哪些内容？
3. 实施与供方互利的关系这项原则时一般要采取怎样的措施？
4. 建立质量管理体系的基本工作主要有哪些内容？
5. 建立和完善质量管理体系的程序有哪些？
6. 质量管理体系是怎样有效运行的？

第3章

# 建筑工程施工质量验收标准、层次划分、程序和组织

为了加强建筑工程质量管理，确保工程质量满足业主的期望，工程施工质量必须在统一的标准下进行检查与验收。建筑工程施工质量检查验收标准与体系由《建筑工程施工质量检查验收统一标准》（GB 50300—2001）（以下简称《统一标准》）和各专业验收规范共同组成。

## 3.1 《建筑工程施工质量验收统一标准》的指导思想

### 3.1.1 验评分离

验评分离是将原验评标准中的质量检验与质量评定的内容分开，将原施工及验收规范中的施工工艺和质量验收的内容分开，将验评标准中的质量检验与施工规范中的质量验收衔接，形成工程质量验收规范。原施工及验收规范中的施工工艺部分作为企业标准或行业推荐性标准。原验评标准中的评定部分，主要是为企业操作水平进行评价，可作为行业推荐标准，为社会及企业的创优评价提供依据。

### 3.1.2 强化验收

强化验收是将原施工验收规范中的验收部分与原验评标准中的质量检验内容合并起来，形成一个完整的工程质量验收规范，作为强制性标准，是建设工程必须完成的最低质量标准，是施工单位必须达到的施工质量标准，也是建设单位保证工程质量所必须遵守的规定。其规定的质量指标都必须达到。

强化验收主要体现以下几个方面：强制性标准；只设一个合格质量等级；强化质量指标都必须达到规定的指标；增加检测项目。

### 3.1.3 完善手段

完善手段主要是加强质量指标的科学检测，提高质量指标的量化程度。完善手段主要在3个方面的检测得到了改进：完善材料、设备的检测；改进了施工阶段的施工试验；开发了竣工工程的抽测项目，减少或避免人为因素的干扰和主管评价不确定性的影响。

### 3.1.4 过程控制

过程质量验收是在施工全过程控制的基础上进行的。

过程控制主要体现在：建立过程控制的各项制度；在规定中，设置控制的要求，强化中间控制和合格控制，强调施工必须有操作依据，并提出了将综合施工质量水平的考核，作为质量验收的要求；验收规范强调检验批、分项、分部、单位工程的验收，其实就是强调过程控制的指导思想。

## 3.2 《建筑工程施工质量验收统一标准》的主要内容

《统一标准》包括总则、术语、基本规定、建筑工程和质量验收的划分，建筑工程质量验收，建筑工程质量验收程序、组织及附录等。

（1）规定了房屋建筑工程各专业工程施工质量验收规范编制的统一准则。对检验批的划分、分项、分部（子分部）、单位（子单位）工程的划分，质量指标的设置和要求，验收组织和验收程序等作出了原则性要求。

（2）规定了单位工程（子单位工程）的验收。建筑工程施工质量验收规范体系的系列标准中，既包括了《统一标准》，又包括了各专业工程质量验收规范，按照工程质量验收的内容、程序共同来完成一个单位（子单位）工程质量验收。

## 3.3 验收规范的构成体系

《统一标准》强调各专业验收规范必须与《统一标准》配套使用，其构成体系如下所示：

《建筑工程施工质量验收统一标准》（GB 50300—2001）

《建筑地基基础工程施工质量验收规范》（GB 50202—2002）

《砌体工程施工质量验收规范》（GB 50203—2002）

《混凝土结构工程施工质量验收规范》（GB 50204—2002）

《钢结构工程施工质量验收规范》（GB 50205—2002）

《木结构工程施工质量验收规范》（GB 50206—2002）

《屋面工程质量验收规范》（GB 50207—2002）

《地下防水工程质量验收规范》（GB 50208—2002）

《建筑地面工程施工质量验收规范》（GB 50209—2002）

《建筑装饰装修工程质量验收规范》（GB 50210—2001）

《建筑给水排水及采暖工程施工质量验收规范》（GB 50242—2002）

《通风与空调工程施工质量验收规范》（GB 50243—2002）

《建筑电气工程施工质量验收规范》（GB 50303—2002）

《智能建筑工程施工质量验收规范》（GB 50307—2002）

《电梯工程施工质量验收规范》（GB 50310—2002）

## 3.4 验收规范体系的适用范围

《建筑工程质量验收规范》的适用范围是建筑工程施工质量的验收，不包括设计和使用权中的质量问题，包括建筑工程地基基础、主体结构、装饰工程、屋面工程，以及给水排水

及采暖工程、电气安装工程、通风与空调工程及电梯工程。另外，还包括弱电部分，即智能建筑。由于协调得不及时，暂时还没有把房屋中的燃气管道工程包括进来。

## 3.5　基本术语

《统一标准》给出了17个基本术语，理解这些术语有利于正确掌握本系列各专业施工质量验收规范的运用。

建筑工程：为新建、改建或扩建房屋建筑物和附属构筑物设施所进行的规划、勘察、设计和施工、竣工等各项技术工作和完成的工程实体。

建筑工程质量：反映建筑工程满足相关标准规定或合同约定的要求，包括其在安全、使用功能及其在耐久性能、环境保护等方面所有的特性总和。

验收：建筑工程在施工单位自行质量检查评定的基础上，参与建设活动的有关单位共同对检验批、分项、分部、单位工程的质量进行抽样复验，根据相关标准以书面形式对工程质量达到合格与否做出确认。

进场验收：对进入施工现场的材料、构配件、设备等按相关标准规定要求进行检验，对产品达到合格与否做出确认。

检验批：按同一的生产条件或按规定的方式汇总起来供检验用的，由一定数量样本组成的检验体。

检验：对检验项目中的性能进行量测、检查、试验等，并将结果与标准规定要求进行比较，以确定每项性能是否合格所进行的活动。

见证取样检测：在监理单位或建设单位监督下，由施工单位有关人员现场取样，并送至具备相应资质的检测单位所进行的检测。

交接检验：由施工的承接方与完成方经双方检查并对可否继续施工做出确认的活动。

主控项目：建筑工程中的对安全、卫生、环境保护和公众利益起决定性作用的检验项目。

一般项目：除主控项目以外的检验项目。

抽样检验：按照规定的抽样方案，随机地从进场的材料、构配件、设备或建筑工程检验项目中，按检验批抽取一定数量的样本所进行的检验。

抽样方案：根据检验项目的特性所确定的抽样数量和方法。

计数检验：在抽样的样本中，记录每一个体有某种属性或计算每一个体中的缺陷数目的检查方法。

计量检验：在抽样检验的样本中，对每一个体测量其某个定量特性的检查方法。

观感质量：通过观察和必要的量测所反映的工程外在质量。

返修：对工程不符合标准规定的部位采取整修等措施。

返工：对不合格的工程部位采取的重新制作、重新施工等措施。

## 3.6　施工质量验收的层次划分

建筑工程施工质量验收涉及工程施工过程控制和竣工验收控制，是工程施工质量控制的重要环节，合理划分建筑工程施工质量验收层次是非常必要的。特别是不同专业工程的验收批如何确定，将直接影响到质量验收工作的科学性、经济性、实用性及可操作性，因此有必要建立统一的工程施工质量验收的层次。

建筑工程施工，从开工到竣工交付使用，要经过若干工序、若干专业工种的共同配合，故工程质量合格与否，取决于各工序和各专业工种的质量。为确保工程竣工质量达到合格的标准，就必须把工程项目进行细化。《统一标准》将工程项目划分为检验批、分项、分部（子分部）、单位（子单位）工程进行质量验收。

### 3.6.1 单位工程的划分

（1）具备独立施工条件并能形成独立使用功能的建筑物及构筑物为一个单位工程。如住宅小区建筑群中的一栋住宅楼，学校建筑群中的一栋教学楼、办公楼等。

（2）建筑规模较大的单位工程，可将其能形成独立使用功能的部分划分为一个子单位工程。

由于建筑规模较大的单体工程和具有综合使用功能的综合性建筑物日益增多，其中具备使用功能的某一部分有可能需要提前投入使用，以发挥投资效益。或某些规模特别大的工程，采用一次性验收整体交付使用可能会带来不便，因此，可将此类工程划分为若干个具备独立使用功能的子单位工程进行验收。

具有独立施工条件和能形成独立使用功能是单位（子单位）工程划分的两个基本要求。单位（子单位）工程划分通常应在施工前确定，并由建设、监理、施工单位共同协商确定。这样不仅利于操作，而且可以方便施工中据此收集整理施工技术资料和进行验收。

### 3.6.2 分部工程的划分

（1）分部工程的划分应按专业性质、建筑部位确定。如建筑工程可划分为九个分部工程：地基与基础、主体结构、建筑装饰装修、建筑屋面、建筑给排水及采暖、建筑电气、智能建筑、通风与空调和电梯等分部工程。

（2）当分部工程规模较大或较复杂时，可按材料种类、施工特点、施工顺序、专业系统及类别等划分为若干个子分部工程。如地基与基础分部工程可分为：无支护土方、有支护土方、地基及基础处理、桩基、地下防水、混凝土基础、砌体基础、劲钢（管）混凝土和钢结构等子分部工程。

但是我们一定要注意，建筑与结构中分部工程的界定应按下列规定：

地基与基础分部工程，包括±0.000以下的结构及防水分项工程。凡有地下室的工程其首层地面下的结构（现浇混凝土楼板或预制楼板）以下的项目，均纳入地基与基础分部工程。没有地下室的工程，墙体以防潮层分界，室内以地面垫层以下为界，灰土、混凝土等垫层应纳入装饰工程的建筑地面子分部工程。桩基础以承台上皮为界。

主体分部工程，凡±0.000以上承重构件都作为主体分部。对非承重墙的规定，凡使用板块材料，经砌筑、焊接的隔墙纳入主体分部工程，如各种砌块、加气条板等。凡采用轻钢、木材等用钢钉、螺栓或胶类粘结的均纳入装饰装修分部工程，如轻钢龙骨、木龙骨的隔墙和石膏板隔墙等。

另外，对有地下室的工程，除±0.000及其以下结构及防水部分的分项工程列入地基与

基础分部工程外，其他地面、装饰和门窗等分项工程仍纳入建筑装饰装修分部工程内。

### 3.6.3　分项工程的划分

分项工程见表 3-1，应按主要工种、材料、施工工艺、设备类别等进行划分。如无支护土方子分部工程可分为土方开挖和土方回填等分项工程。

**表 3-1　　建筑工程分部工程、分项工程划分**

| 序号 | 分部工程 | 子分部工程 | 分项工程 |
| --- | --- | --- | --- |
| 1 | 地基与基础 | 无支护土方 | 土方开挖、土方回填 |
| | | 有支护土方 | 排桩、降水、排水、地下连续墙、锚杆、土钉墙、水泥土桩、沉井与沉箱、钢筋混凝土支撑 |
| | | 地基处理 | 灰土地基、砂和砂石地基、碎砖三合土地基、土工合成材料地基、粉煤灰地基、重锤夯实地基、强夯地基、振冲地基、砂桩地基、预压地基、高压喷射注浆地基、土和灰土挤密桩地基、注浆地基、水泥粉煤灰碎石桩地基、夯实水泥土桩地基 |
| | | 桩基 | 锚杆静压桩及静力压桩、预应力离心管桩、钢筋混凝土预制桩、钢桩、混凝土灌注桩（成孔、钢筋笼、清孔、水下混凝土灌注） |
| | | 地下防水 | 防水混凝土、水泥砂浆防水层、卷材防水层、涂料防水层、金属板防水层、塑料板防水层、细部构造、喷锚支护、复合式衬砌、地下连续墙、盾构法隧道、渗排水、盲沟排水，隧道、坑道排水；预注浆、后注浆，衬砌裂缝注浆 |
| | | 混凝土基础 | 模板、钢筋、混凝土，后浇带混凝土，混凝土结构缝处理 |
| | | 砌体基础 | 砖砌体、混凝土砌块砌体、配筋砌体、石砌体 |
| | | 劲钢（管）混凝土 | 劲钢（管）焊接、劲钢（管）与钢筋的连接、混凝土 |
| | | 钢结构 | 焊接钢结构、栓接钢结构，钢结构制作，钢结构安装，钢结构涂装 |
| 2 | 主体结构 | 混凝土结构 | 模板，钢筋，混凝土，预应力、现浇结构，装配式结构 |
| | | 劲钢（管）混凝土结构 | 劲钢（管）焊接，螺栓连接，劲钢（管）与钢筋的连接，劲钢（管）制作、安装，混凝土 |
| | | 砌体结构 | 砖砌体、混凝土小型空心砌块砌体、石砌体、填充墙砌体、配筋砖砌体 |
| | | 钢结构 | 钢结构焊接、坚固件连接、钢零部件加工、单层钢结构安装、多层及高层钢结构安装、钢结构涂装、钢构件组装、钢构件预拼装、钢网架结构安装、压型金属板 |
| | | 木结构 | 方木和原木结构、胶合木结构、轻型木结构、木构件防护 |
| | | 网架和索膜结构 | 网架制作、网架安装、索膜安装、网架防火、防腐涂料 |
| 3 | 建筑装饰装修 | 地面 | 整体面层：基层，水泥混凝土面层，水泥砂浆面层，水磨石面层，防油渗面层，水泥钢（铁）屑面层，不发火（防爆的）面层；板块面层：基层，砖面层（陶瓷锦砖、缸砖、陶瓷地砖和水泥花砖面层），大理石面层和花岗岩面层，预制板块面层（预制水泥混凝土、水磨石板块面层），料石面层（条石、块石面层），塑料板面层，活动地板面层，地毯面层；木竹面层：基层、实木地板面层（条材、块材面层），实木复合地板面层（条材、块材面层），中密度（强化）复合地板面层（条材面层），竹地板面层 |

续表

| 序号 | 分部工程 | 子分部工程 | 分项工程 |
|---|---|---|---|
| 3 | 建筑装饰装修 | 抹灰 | 一般抹灰、装饰抹灰、清水砌体勾缝 |
| | | 门窗 | 木门窗制作与安装、金属门窗安装、塑料门窗安装、特种门安装、门窗玻璃安装 |
| | | 吊顶 | 暗龙骨吊顶、明龙骨吊顶 |
| | | 轻质隔墙 | 板材隔墙、骨架隔墙、活动隔墙、玻璃隔墙 |
| | | 饰面板(砖) | 饰面板安装、饰面砖粘贴 |
| | | 幕墙 | 玻璃幕墙、金属幕墙、石材幕墙 |
| | | 涂饰 | 水性涂料涂饰、溶剂型涂料涂饰、美术涂饰 |
| | | 裱糊与软包 | 裱糊、软包 |
| | | 细部 | 橱柜制作与安装，窗帘盒、窗台板和暖气罩制作与安装，门窗套制作与安装，护栏和扶手制作与安装，花饰制作与安装 |
| 4 | 建筑屋面 | 卷材防水屋面 | 保温层、找平层、卷材防水层、细部构造 |
| | | 涂膜防水屋面 | 保温层、找平层、涂膜防水层、细部构造 |
| | | 刚性防水屋面 | 细石混凝土防水层、密封材料嵌缝、细部构造 |
| | | 瓦屋面 | 平瓦屋面、油毡瓦屋面、金属板屋面、细部构造 |
| | | 隔热屋面 | 架空屋面、蓄水屋面、种植屋面 |
| 5 | 建筑给水、排水及采暖 | 室内给水系统 | 给水管道及配件安装，室内消火栓系统安装，给水设备安装，管道防腐，绝热 |
| | | 室内排水系统 | 排水管道及配件安装、雨水管道及配件安装 |
| | | 室内热水供应系统 | 管道及配件安装，辅助设备安装，防腐，绝热 |
| | | 卫生器具安装 | 卫生器具安装、卫生器具给水配件安装、卫生器具排水管道安装 |
| | | 室内采暖系统 | 管道及配件安装，辅助设备及散热器安装，金属辐射板安装，低温热水地板辐射采暖系统安装，系统水压试验及调试，防腐，绝热 |
| | | 室外给水管网 | 给水管道安装，消防水泵接水器及室外消火栓安装，管沟及井室 |
| | | 室外排水管网 | 排水管道安装，排水管沟与井池 |
| | | 室外供热管网 | 管道及配件安装，系统水压试验及调试，防腐，绝热 |
| | | 建筑中水系统及游泳池系统 | 建筑中水系统管道及辅助设备安装，游泳池水系统安装 |
| | | 供热锅炉及辅助设备安装 | 锅炉安装，辅助设备及管道安装，安全附件安装，烘炉、煮炉和试运行，换热站安装，防腐，绝热 |
| 6 | 建筑电气 | 室外电气 | 架空线路及杆上电气设备安装，变压器、箱式变电所安装，成套配电柜、控制柜（屏、台）和动力、照明配电箱（盘）及控制柜安装，电线、电缆导管和线槽敷设，电线、电缆穿管和线槽敷设，电缆头制作、导线连接和线路电气试验，建筑物外部装饰灯具、航空障碍标志灯和庭院路灯安装，建筑照明通电试运行，接地装置安装 |
| | | 变配电室 | 变压器、箱式变电所安装，成套配电柜、控制柜（屏、台）和动力、照明配电箱（盘）安装，裸母线、封闭母线、插接式母线安装，电缆沟内和电缆竖井内电缆敷设，电缆头制作、导线连接和线路电气试验，接地装置安装，避雷引下线和变配电室接地干线敷设 |

续表

| 序号 | 分部工程 | 子分部工程 | 分 项 工 程 |
|---|---|---|---|
| 6 | 建筑电气 | 供电干线 | 裸母线、封闭母线、插接式母线安装，桥架安装和桥架内电缆敷设，电缆沟内和电缆竖井内电缆敷设，电线、电缆导管和线槽敷设，电线、电缆穿管和线槽敷线，电缆头制作、导线连接和线路电气试验 |
| | | 电气动力 | 成套配电柜、控制柜（屏、台）和动力、照明配电箱（盘）及控制柜安装，低压电动机、电加热器及电动执行机构检查、接线，低压电气动力设备检测、试验和空载试运行，桥架安装和桥架内电缆敷设，电线、电缆导管和线槽敷设，电线、电缆穿管和线槽敷线，电缆头制作、导线连接和线路电气试验，插座、开关、风扇安装 |
| | | 电气照明安装 | 成套配电柜、控制柜（屏、台）和动力、照明配电箱（盘）安装，电线、电缆导管和线槽敷设，电线、电缆导管和线槽敷线，槽板配线，钢索配线，电缆头制作，导线连接和线路电气试验，普通灯具安装，专用灯具安装，插座、开关、风扇安装，建筑照明通电试运行 |
| | | 备用和不间断电源安装 | 成套配电柜、控制柜（屏、台）和动力、照明配电箱（盘）安装，柴油发电机安装，不间断电源的其他功能单元安装，裸母线、封闭母线、插接式母线安装，电线、电缆导管和线槽敷设，电线、电缆穿管和线槽敷线，电缆头制作，导线连接和线路电气试验，接地装置安装 |
| | | 防雷及接地安装 | 接地装置安装，避雷引下线和变配电室接地干线敷设，建筑物等电位连接，接闪器安装 |
| 7 | 智能建筑 | 通信网络系统 | 通信系统、卫星及有线电视系统、公共广播系统 |
| | | 办公自动化系统 | 计算机网络系统，信息平台及办公自动化应用软件，网络安全系统 |
| | | 建筑设备监控系统 | 空调与通风系统，变配电系统，照明系统，给排水系统，热源和热交换系统，冷冻和冷却系统，电梯和自动扶梯系统，中央管理工作站与操作分站，子系统通信接口 |
| | | 火灾报警及消防联动系统 | 火灾和可燃气体探测系统、火灾报警控制系统、消防联动系统 |
| | | 安全防范系统 | 电视监控系统、入侵报警系统、巡更系统、出入口控制（门禁）系统、停车管理系统 |
| | | 综合布线系统 | 缆线敷设和终接，机柜、机架、配线架的安装，信息插座和光缆芯线终端的安装 |
| | | 智能化集成系统 | 集成系统网络，实时数据库，信息安全，功能接口 |
| | | 电源与接地 | 智能建筑电源，防雷及接地 |
| | | 环境 | 空间环境，室内空调环境，视觉照明环境，电磁环境 |
| | | 住宅（小区）智能化系统 | 火灾自动报警及消防联动系统，安全防范系统（含电视监控系统，入侵报警系统，巡更系统、门禁系统、楼宇对讲系统、住户对讲呼救系统、停车管理系统），物业管理系统（多表现场计量及与远程传输系统、建筑设备监控系统、公共广播系统、小区网络及信息服务系统、物业办公自动化系统），智能家庭信息平台 |

续表

| 序号 | 分部工程 | 子分部工程 | 分 项 工 程 |
|---|---|---|---|
| 8 | 通风与空调 | 送排风系统 | 风管与配件制作，部件制作，风管系统安装，空气处理设备安装，消声设备制作与安装，风管与设备防腐，风机安装，系统调试 |
| | | 防排烟系统 | 风管与配件制作，部件制作，风管系统安装，防排烟风口、常闭正压风口与设备安装，风管与设备防腐，风机安装，系统调试 |
| | | 除尘系统 | 风管与配件制作，部件制作，风管系统安装，除尘器与排污设备安装，风管与设备防腐，风机安装，系统调试 |
| | | 空调风系统 | 风管与配件制作，部件制作，风管系统安装，空气处理设备安装，消声设备制作与安装，风管与设备防腐，风机安装，风管与设备绝热，系统调试 |
| | | 净化空调系统 | 风管与配件制作，部件制作，风管系统安装，空气处理设备安装，消声设备制作与安装，风管与设备防腐，风机安装，风管与设备绝热，高效过滤器安装，系统调试 |
| | | 制冷设备系统 | 制冷机组安装，制冷剂管道及配件安装，制冷附属设备安装，管道及设备的防腐与绝热，系统调试 |
| | | 空调水系统 | 管道冷热（媒）水系统安装，冷却水系统安装，冷凝水系统安装，阀门及部件安装，冷却塔安装，水泵及附属设备安装，管道与设备的防腐与绝热，系统调试 |
| 9 | 电梯 | 电力驱动的曳引式或强制式电梯安装 | 设备进场验收，土建交接检验，驱动主机，导轨，门系统，轿厢，对重（平衡重），安全部件，悬挂装置，随行电缆，补偿装置，电气装置，整机安装验收 |
| | | 液压电梯安装 | 设备进场验收，土建交接检验，驱动主机，导轨，门系统，轿厢，对重（平衡重），安全部件，悬挂装置，随行电缆，补偿装置，整机安装验收 |
| | | 自动扶梯、自动人行道安装 | 设备进场验收，土建交接检验，整机安装验收 |

### 3.6.4 检验批的划分

所谓检验批是指按同一生产条件或按规定的方式汇总起来的供检验用的，由一定数量样本组成的检验体。检验批由于其质量基本均匀一致，因此可以作为检验的基础单位。

分项工程可由一个或若干个检验批组成，检验批可根据施工及质量控制和专业验收需要按楼层、施工段、变形缝等进行划分。分项工程划分成检验批进行验收有助于及时纠正施工中出现的质量问题，确保工程质量，也符合施工的实际需要。检验批的划分原则是：

（1）多层及高层建筑工程中主体部分的分项工程可按楼层或施工段划分检验批，单层建筑工程中的分项工程可按变形缝等划分检验批。

（2）地基基础分部工程中的分项工程一般划分为一个检验批，有地下层的基础工程可按不同地下层划分检验批。

（3）屋面分部工程的分项工程可按不同楼层屋面划分不同的检验批。

（4）其他分部工程中的分项工程，一般按楼层划分检验批。

（5）对于工程量较少的分项工程可统一划分为一个检验批。

（6）安装工程一般按一个设计系统或设备组别划分为一个检验批。

（7）室外工程统一划分为一个检验批。

（8）散水、台阶、明沟等含在地面检验批中。

地基基础中的土石方、基坑支护子分部工程及混凝土工程中的模板工程，虽不构成建筑工程实体，但它是建筑工程施工不可缺少的重要环节和必要条件，其施工质量如何，不仅关系到能否施工和施工安全，也关系到建筑工程的质量，因此将其也列入施工验收的内容。显然，对这些内容的验收，更多是过程验收。

### 3.6.5　室外工程可根据专业类别和工程规模划分单位（子单位）工程

室外单位（子单位）工程、分部工程划分见表 3-2。

**表 3-2**　　**室外单位工程划分**

| 单位工程 | 子单位工程 | 分部（子分部）工程 |
| --- | --- | --- |
| 室外建筑环境 | 附属建筑 | 车棚、围墙、大门、挡土墙、垃圾收集站 |
| | 室外环境 | 建筑小品、道路、亭台、连廊、花坛、场坪绿化 |
| 室外安装 | 给排水与采暖 | 室外给水系统、室外排水系统、室外供热系统 |
| | 电气 | 室外供电系统、室外照明系统 |

## 3.7　建筑工程施工质量验收的程序

建筑工程施工质量验收的程序首先是验收检验批或者是分项工程质量验收，再验收分部（子分部）工程质量，最后验收单位（子单位）工程的质量。对检验批、分项工程、分部（子分部）工程、单位（子单位）工程的质量验收，都是先由施工单位自我检查评定后，再由监理或建设单位进行验收。

### 3.7.1　施工单位自检程序

施工单位工程质量验收首先是班组在施工过程中的自我检查，自我检查就是按照施工操作工艺的要求，边操作边检查，将有关质量要求及误差控制在规定的限值内。自检主要是在本班组本工种内进行，由承担检验批、分项工程的工种工人和班组等参加。自检互检是班组在分项（或分部）工程交接（检验批、分项工程完工或中间交工验收）前，由班组先进行的检查，也可是分包单位在交给总包之前，由分包单位先进行的检查，还可以是由单位工程项目经理（或取样技术负责人）组织有关班组长（或分包）及有关人员参加的交工前的检查。对单位工程的观感和使用功能等方面易出现的质量疵病和遗留问题，尤其是各工种、分包之间的工序交叉可能发生建筑成品损坏的部位，均要及时发现问题、及时改进，力争工程一次验收通过。

交接检是各班组之间或各工种、各分包之间，在工序、检验批、分项或分部工程完毕之后，下一道工序、检验批、分项或分部（子分部）工程开始之前，共同对前一道工序、检验批、分项或分部（子分部）工程的检查，经后一道工序认可，并为他们创造了合格的工作条件。例如，基础公司把桩基交给承担主体结构施工的公司，瓦工班组把某层砖墙交给木工班组支模，木工班组把模板交给钢筋班组绑扎钢筋，钢筋班组把钢筋交给混凝土班组浇筑混凝土，建筑与结构施工队伍把主体工程（标高、预留洞、预埋铁件）交给安装队安装水电等等。交接检是保证下一道工序顺利进行的有力措施，也有利于分清质量责任和成品保护，也可防止下道工序对上道工序的损坏。

施工企业对检验批、分项工程、分部（子分部）工程、单位（子单位）工程，都应按照企业标准检查评定合格之后，将各验收记录表填写好，再交监理单位（建设单位）的监理工程师，总监理工程师进行验收。企业的自我检查评定是工程验收的基础。

### 3.7.2 监理单位（建设单位）的验收

施工企业的质量检查人员（包括各专业的项目质量检查员）将企业检查评定合格的检验批、分项工程、分部（子分部）工程、单位（子单位）工程，填好表格后及时交监理单位（对一些政策允许的建设单位自行管理的工程，应交建设单位）。监理单位（或建设单位）的有关人员及时到工地现场，对该项工程的质量进行验收。由于监理单位（或建设单位）的现场质量检查人员，在施工过程中已进行旁站、或巡视检查，所以监理单位应根据监理人员对工程质量了解的程度，对检验批的质量采取抽样检查或抽取重点部位或认为有必要查的部位进行检查。

在对工程进行检查后，确认其工程质量符合标准规定，由有关人员签字认可。

### 3.7.3 检验批及分项工程的验收程序

检验批和分项工程验收前，施工单位先填好“检验批和分项工程的验收记录”（有关监理记录和结论不填），并由项目专业质量检验员和项目专业技术负责人分别在检验批和分项工程质量检验记录中相关栏目中签字，报监理单位等质量控制部门检查验收，严格按规定程序进行验收。

### 3.7.4 分部工程的验收程序

分部工程验收前，在施工单位自查、自评工作完成和填好“分部工程的验收记录”后报监理单位，由总监理工程师（建设单位项目负责人）组织施工单位项目负责人和技术、质量负责人等进行验收。由于地基与基础、主体结构技术性能要求严格，关系到整个工程的安全，因此规定与地基基础、主体结构分部工程相关的勘察、设计单位工程项目负责人和施工单位技术、质量部门负责人也应参加相关分部工程验收。

### 3.7.5 单位（子单位）工程验收的程序

1. 竣工预验收的程序

单位工程达到竣工验收条件后，施工单位在自查、自评工作完成情况下，填写工程竣工报验单，并将全部竣工资料报送项目监理机构，申请竣工验收。总监理工程师应组织各专业监理工程师对竣工资料及各专业工程的质量情况进行全面检查，对检查出的问题，应督促施工单位及时整改。对需要进行功能试验的项目（包括单机试车和无负荷试车），监理工程师应督促施工单位及时进行试验，并对重要项目进行监督、检查，必要时请建设单位和设计单位参加。监理工程师应认真审查试验报告单并督促施工单位搞好成品保护和现场清理。

经项目监理机构对竣工资料及实物全面检查、验收合格后，由总监理工程师签署工程竣工报验单，并向建设单位提出质量评估报告。

2. 正式验收的程序

建设单位收到工程验收报告后，由建设单位（项目）、施工单位（含分包单位）、设计单位、监理单位等项目负责人进行单位（子单位）工程验收。单位工程有分包单位施工时，分包单位对所承包的工程项目应按规定的程序进行检查评定，总包单位应派人参加。分包工程完成后，应将工程有关资料交总包单位。建设工程经验收合格的，方可交付使用。

建设工程竣工验收应当具备下列条件：

（1）完成工程设计和合同约定的各项内容，达到竣工标准。

（2）施工单位在工程完工后，对工程质量进行了全面检查，确认工程质量符合法律、法规和工程建设强制性标准规定，符合设计文件及合同要求，并提出工程竣工报告。

（3）勘察、设计单位对勘察、设计文件及施工过程中由设计单位参加签署的更改原设计的资料进行了检查，确认勘察、设计符合国家规范、标准要求，施工单位的工程质量达到设计要求，并提出工程质量检查报告。

（4）对于委托监理的工程项目，监理单位在施工单位自评合格，勘察、设计单位认可的基础上，对竣工工程质量进行了检查并核定合格质量等级，提出工程质量评估报告。

（5）有完整的工程项目建设全过程竣工档案资料。

（6）建设单位已按合同约定支付工程款，有工程款支付证明。

（7）施工单位和建设单位签署了工程质量保修书。

（8）规划行政主管部门对工程是否符合规划设计要求进行了检查，并出具认可文件。

（9）有公安消防、环保等部门出具的认可文件或者准许使用文件。

（10）建设行政主管部门及其委托的建设工程质量监督机构等有关部门要求整改的质量问题全部整改完毕。

### 3.7.6　单位工程竣工验收备案与移交

单位工程质量验收合格后，建设单位应在规定时间内将工程竣工验收报告和有关文件报建设行政管理部门备案。

（1）凡在中华人民共和国境内新建、扩建、改建各类房屋建筑工程和市政基础设施工程的竣工验收，均应按有关规定进行备案。

（2）国务院建设行政主管部门和有关专业部门负责全国工程竣工验收的监督各类工作，县级以上地方人民政府建设行政主管部门负责本行政区域内工程的竣工验收备案管理工作。

（3）工程项目经竣工验收合格后，便可办理工程交接手续，即将工程项目的所有权移交给建设单位。交接手续应及时办理，以便使项目早日投产使用，充分发挥投资效益。

在办理工程项目交接前，施工单位要编制竣工结算书，以此作为向建设单位结算最终拨付的工程价款。而竣工结算书通过监理工程师审核、确认并签证后，才能通知建设银行与施工单位办理工程价款的拨付手续。

（4）在工程项目交接时，还应将成套的工程技术资料进行分类整理、编目建档后移交给建设单位，同时，施工单位还应将在施工中所占用的房屋设施等进行维修清理后全部予以移交。

## 3.8 建筑工程施工质量验收的组织

《统一标准》规定，检验批、分项工程由专业监理工程师、建设单位项目技术负责人组织施工单位的项目专业技术负责人等进行验收。分部工程、子分部工程由总监理工程师、建设单位项目负责人组织施工单位项目负责人（项目经理）和技术、质量负责人及勘察、设计单位工程项目负责人参加验收。竣工验收由建设单位组织验收。

### 3.8.1 施工单位自检组织

施工单位的自我检查主要是在本班组（本工种）范围内进行，由项目技术负责人和质量管理人员组织，承担检验批、分项工程的工种班组长等参加，也可以是分包单位在交给总包之前，由分包单位先进行的检查，还可以是由单位工程项目经理（或企业技术负责人）组织有关班组长（或分包）及有关人员参加的交工前进行检查。

### 3.8.2 检验批及分项工程的验收组织

所有检验批和分项工程均应由监理工程师（建设单位项目技术负责人）组织施工单位项目专业质量（技术）负责人等进行验收。验收前，施工单位先填好“检验批和分项工程质量验收记录”，并由项目专业质量检验员和项目专业技术负责人分别在检验批和分项工程质量检验记录中相关栏目签字，然后由监理工程师组织验收。

### 3.8.3 分部工程的验收组织

分部工程由总监理工程师（建设单位项目负责人）组织施工单位项目负责人和技术、质量负责人等进行验收。地基与基础、主体结构分部工程的勘查、设计单位工程项目负责人和施工单位技术、质量部门负责人也应参加相关分部工程的验收。

### 3.8.4 单位（子单位）工程的验收组织

1. 竣工预验收的组织

单位工程达到竣工验收条件后，由总监理工程师组织各专业监理工程师对竣工资料及各专业工程的质量情况进行全面检查，项目经理部的技术负责人参加。经项目监理机构对竣工资料及实物全面检查，验收合格后，由总监理工程师签署工程竣工报验单，并向建设单位提交工程验收。

2. 正式验收的组织

建设单位收到工程验收报告后，应由建设单位（项目）负责人组织施工单位（含分包单位）、设计单位、监理单位等项目负责人进行单位（子单位）工程验收。单位工程有分包单位施工时，分包单位对所承包的工程项目应按上述的程序进行检查验收，总包单位应派人参加。分包工程完成后，应将工程有关资料交给总包单位。

当参加验收各方对工程质量验收意见不一致时，可请当地建设行政主管部门或工程质量监督机构协调处理。

单位工程质量验收合格后，建设单位应在规定时间内将工程竣工验收报告和有关文件，

报建设行政管理部门备案。

## 3.9　问题讨论

**【例 3-1】** 建筑结构的形式有多样（混凝土结构、钢结构、砌体结构……）时如何进行验收？

**【解答】** 当一幢建筑物为多种结构形式并存（如混凝土结构、钢结构、砌体结构……）时，各种结构均分别按各自的专业结构验收规范进行子分部工程验收，汇总以后再进行主体结构分部工程验收。

当主体结构由多种建筑材料构成但有明显的差异时，按主要承载材料（如混凝土、型钢、砌体）决定结构形式，采用相应的验收规范验收。对其中少量的混凝土构件（如钢结构中的楼板、砌体结构中的圈梁、构造柱等）可参考《混凝土结构工程施工质量验收规范》(GB 50204—2002) 的内容验收。但主要的验收要求（如检验批的划分等）仍应按相应的结构验收规范确定。

**【例 3-2】** 各本标准规范之间如有不统一、不协调之处，应该按什么原则执行?

**【解答】** 我国工程建设标准规范种类多、数量大，由于条件变化和技术发展，这些标准规范又经常处于修订过程中，因此在同类标准规范技术内容的交叉处，往往会发生不统一、不协调的问题。此时，应向有关标准规范的管理组询问有关的技术背景，通过比较而寻求相对合理的做法。只要有相应的标准规范规定作为依据，这样的做法应该都是有效和可接受的。当实在无法确定时，可按以下一般原则判断：

按标准等级：企业标准应服从地方标准，地方标准应服从行业标准，行业标准应服从国家标准。

按标准属性：推荐性标准应服从强制性标准，强制性标准应服从强制性条文。

按标准分类：应用标准应服从基础标准。

按标准要求：标准要求不统一时，一般以近期发布的标准为准，或按较严的要求执行。

**【例 3-3】** 施工单位编制自己的企业标准要注意什么问题? 与验收规范有什么关系?

**【解答】** 施工单位应该结合本单位的人员、装备、工艺、技术特点等，总结工程经验，制订企业标准，以利于施工技术、管理的规范化。在编制企业标准时应注意以下问题：

（1）企业标准的质量要求不能低于验收规范。

（2）应结合本企业的具体条件进行编制以取得实际效果。

（3）对于验收规范中已有的内容不必过多地重复，应重点补充验收规范中缺少的内容。

（4）对于验收规范中比较原则的指导性内容，可以结合本单位情况具体化，以加强可操作性。

（5）对含有专利等知识产权的内容应作为企业的无形资产加以保护，作为市场竞争的有力手段。

（6）企业标准的内容应根据技术发展和条件改变不断修订、完善、补充，与时俱进。

（7）企业标准可请专家审查，并按有关规定备案。

**【例 3-4】** 抽样检验的原则是什么? 如何执行?

**【解答】** 抽样检验的目的是以有限的检验量反应较大范围工程施工的实际质量状态。抽样检验的原则是尽量减少错判或漏判，将用户风险和生产风险均控制在合理的水平。对此，《建筑工程施工质量验收统一标准》(GB 50300—2001) 第3.0.4条和第3.0.5条做出了原则性的规定。

完善的抽样检验方案应包括以下内容：检验批的范围，抽样数量或比例，检查方法，验收界限（合格标准），不符合要求时的复式抽检方法等。

在规范检验性条文的三段式表达中，“检查数量”很清楚地表达了抽样检验的原则和具体做法，具有很强的可操作性。

## 3.10 施工质量验收程序和组织方法案例

**【例3-5】** (1) 背景。

华夏大厦占地12 096.47m²，总建筑面积7 1054m²。该建筑分塔楼、裙楼两部分，塔楼地上27层，檐高114.3m，裙楼4层，檐高19.175m，地上建筑面积55 054m²，地下2层，局部3层，共16 000m²。塔楼为现浇钢筋混凝土框架—筒体结构，基础为箱形基础，裙楼为现浇钢筋混凝土框架—剪力墙结构，基础为筏形基础。该工程混凝土均采用商品混凝土，墙、柱中$\phi$22～$\phi$32的竖向钢筋采用电渣压力焊连接，梁板中$\phi$25～$\phi$32的水平钢筋均采用套筒冷挤压连接。地下停车场及车辆出入坡道，原设计为水泥砂浆地面，针对该部位面层应具有耐磨、抗冲击、不起砂、不空鼓等要求，施工单位提出使用RA-I型非金属硬化剂的建议。该工程机电安装工程实物量大，技术难度高，整个楼宇的智能化程度在建筑智能方面非常先进，因此施工单位将机电安装工程分包并得到业主认可。机电安装工程施工完毕后，将竣工资料移交建设单位。

(2) 问题。

1) 对该工程的钢筋工程应如何组织验收?

2) 针对该工程地下停车场及车辆出入坡道的地面，施工单位是否可提出设计变更？设计变更应首先由谁审核?

3) 施工单位将机电安装工程分包，如果在施工过程中机电安装出现质量问题，作为总包的施工单位是否应承担责任？原因是什么？对该机电安装过程验收的程序和组织内容是什么?

4) 机电安装公司将竣工资料交给建设单位的做法是否妥当？请说明理由。

(3) 分析与解答。

1) 对钢筋分项工程应在施工单位自检合格，并填好“检验批和分项工程的质量验收记录”(有关监理记录和结论不填) 的基础上，应由监理工程师（建设单位项目负责人）组织施工单位项目专业质量（技术）负责人等严格按设计图纸和有关标准、规范进行验收，并在“检验批和分项工程的质量验收记录”上签字、盖章。

2) 针对该工程地下停车场及车辆出入坡道的地面，施工单位可提出设计变更。施工单位提出的设计变更应交监理单位审核。

3) 施工单位将机电安装工程分包，如果在施工过程中机电安装出现质量问题，作为总包的施工单位应承担责任。原因是总包单位收取分包的管理费用，应对分包工程质量承担连带责任。

4）不妥。因为，建设工程项目实行总承包的，总包单位负责收集、汇总各分包单位形成的工程档案，并应及时向建设单位移交，各分包单位应将本单位形成的工程文件整理、立卷后及时移交总包单位。

**【例3-6】** 智能建筑工程质量验收

（1）背景。

某市银行大厦是一座现代化的智能型建筑，建筑面积为60 000m$^2$，施工总承包单位是该市第二建筑公司，由于该工程设备先进、要求高，因此该公司将机电设备安装工程分包给日本某公司。

（2）问题。

1）工程质量验收分为哪两个过程？

2）该银行大厦必须达到何种要求，方准验收？

3）应如何组织该银行大厦的竣工验收？

（3）分析与解答。

1）工程质量验收分为过程验收和竣工验收。

2）该银行大厦的验收要求有：

①质量应符合统一标准和混凝土工程及相关专业验收规范的规定。

②应符合工程勘察、设计文件的要求。

③参加验收的各方人员应具备规定的资格。

④质量验收应在施工单位自行检查评定的基础上进行。

⑤隐蔽工程在隐蔽前应由施工单位通知有关单位进行验收，并形成验收文件。

⑥涉及结构安全的试块、试件以及有关材料，应按规定进行见证取样检测。

⑦检验批的质量应按主控项目和一般项目验收。

⑧对涉及结构安全和使用功能的重要分部工程应进行抽样检测。

⑨承担见证取样检测及有关结构安全检测的单位应具有相应资质。

⑩工程的观感质量应由验收人员通过现场检查，并应共同确认。

3）该银行大厦的竣工验收组织。

施工单位市第二建筑公司应自行组织有关人员进行检查评定，并向建设单位提交工程验收报告。建设单位收到工程验收报告后，应由建设单位项目负责人组织施工（含分包单位日本某公司）、设计、监理等单位项目负责人进行单位工程验收。分包单位日本某公司对所承包工程项目检查评定，总承包单位派人参加，分包完成后，将资料交给总包。当参加验收各方对工程质量验收不一致时，可请当地建设行政主管部门或工程质量监督机构协调处理。单位工程质量验收合格后，建设单位应在规定时间内将工程竣工验收报告和有关文件，报建设行政管理部门备案。

## 本章练习题

### 一、填空题

1. 建筑工程采用的（　　）、（　　）、（　　）、（　　）、（　　）和（　　）应进行现场验收。凡涉及安全、功能的有关产品，应按各（　　）规定进行复验，并应经监理工程师（建设单位技术负责人）检查认可。

2. 建筑工程施工应符合（　　　　）、（　　　　）的要求。

3. 检验批的质量应按（　　　　）和（　　　　）验收。

4. 承担见证取样检测及有关结构安全检测的单位应具有（　　　　　）资质。

5. 工程的观感质量应由验收人员通过（　　　　　），并应（　　　　　）确认。

6. 具备（　　　　　）条件并能形成（　　　　　　）的建筑物及构筑物为一个单位工程。

7. 室外工程可根据（　　　　　）和（　　　　　）划分单位（子单位）工程。

8. 建设单位收到工程验收报告后，应由（　　　　　）（项目）负责人组织施工（含分包单位）、设计、监理等单位（项目）负责人进行单位（子单位）工程验收。

**二、选择题**

1. 抽样方案是指（　　　　）。

a. 根据检验项目的特性所确定的抽样技巧

b. 根据检验项目的特性所确定的抽样目标

c. 根据检验项目的特性所确定的抽样数量和方法

d. 根据检验项目的特性所确定的抽样计划

2. 观感质量指（　　　　）。

a. 通过观察和必要的量测所反映的工程内在质量

b. 通过观察和必要的量测所反映的工程质量

c. 通过观察和必要的量测所反映的工程外在质量

d. 凭检查人员的感觉所反映的工程外在质量

3. 检验批的质量检验，应根据检验项目的特点在哪些抽样方案中进行选择（　　　　）。

a. 计量、计数或计量-计数等抽样方案

b. 一次、二次或多次抽样方案

c. 经实践检验有效的抽样方案

d. 由甲方指定抽样

4. 相关各专业工种之间，应进行（　　　　）检验。

a. 自检　　　　b. 互检　　　　c. 交接检

5. 涉及结构安全的试块、试件以及有关材料，应按规定进行（　　　　）检测。

a. 见证取样　　　　b. 抽样　　　　c. 复试

6. 对涉及结构安全和使用功能的重要分部工程应进行（　　　　）检测。

a. 见证取样　　　　b. 抽样　　　　c. 复试

7. 清水砌体勾缝分项工程属于（　　　　）分部工程。

a. 抹灰子分部工程　　　　b. 细部子分部工程

c. 涂饰子分部工程　　　　d. 幕墙子分部工程

8. 地下防水工程属于（　　　　）。

a. 独立的分部工程　　　　b. 地基与基础分部工程中的子分部工程

c. 主体结构分部工程中的子分部　　　　d. 分项工程

## 三、不定项选择题

1. 检验批的质量检验，应根据检验项目的特点在哪些抽样方案中进行选择（　　　）。
a. 计量、计数或计量-计数等抽样方案
b. 一次、二次或多次抽样方案
c. 经实践检验有效的抽样方案
d. 由甲方指定抽样

2. 建筑工程质量验收应划分为（　　　）。
a. 单位（子单位）工程　b. 分部（子分部）工程　c. 分项工程
d. 子分项工程　e. 检验批

3. 分部工程的确定应按（　　　）确定。
a. 专业性质　b. 建筑部位　c. 施工工艺
d. 工种　e. 施工段

4. 当分部工程较大或较复杂时，可按（　　　）划分为若干子分部工程。
a. 材料种类　b. 施工特点　c. 施工程序
d. 专业系统及类别　e. 变形缝

5. 分项工程应按（　　　）等进行划分。
a. 主要工种　b. 材料　c. 施工工艺
d. 设备类别　e. 施工特点

6. 检验批可根据施工及质量控制和专业验收需要按（　　　）等进行划分。
a. 楼层　b. 施工段　c. 变形缝　d. 材料

7. 主体结构分部工程应包括（　　　）子分部。
a. 混凝土结构　b. 劲钢（管）混凝土结构　c. 砌体结构
d. 钢结构　e. 木结构　f. 网架和索膜结构

8. 建筑屋面分部工程应包括（　　　）。
a. 卷材防水屋面　b. 涂膜防水屋面　c. 刚性防水屋面
d. 瓦屋面　e. 隔热屋面

9. 室外建筑环境单位工程包括（　　　）子单位工程。
a. 附属建筑　b. 室外环境
c. 室外给排水与采暖　d. 室外电气

## 四、问答题

1. 解释见证取样检测。
2. 解释主控项目、一般项目。
3. 了解《建筑工程质量验收规范》的适用范围。
4.《建筑工程施工质量验收统一标准》的指导思想是什么？
5. 如何区别返修和返工？
6. 建筑工程包括哪些分部工程？
7. 了解检验批的划分原则。

第4章

# 施工项目质量管理计划

## 4.1 施工项目质量计划编制的内容

施工项目质量计划是指确定施工项目的质量目标和如何达到这些质量目标所规定必要的作业过程、专门的质量措施和资源等工作。

施工项目质量计划的主要内容包括：

（1）编制依据。

（2）项目概述。

（3）质量目标。

（4）组织机构。

（5）质量控制及管理组织协调的系统描述。

（6）必要的质量控制手段，施工过程、服务、检验和试验程序及与其相关的支持性文件。

（7）确定关键过程和特殊过程及作业指导书。

（8）与施工阶段相适应的检验、试验、测量、验证要求。

（9）更改和完善质量计划的程序。

## 4.2 施工项目质量计划编制的依据和要求

### 4.2.1 质量计划的编制依据

（1）工程承包合同、设计文件。

（2）施工企业的《质量手册》及相应的程序文件。

（3）施工操作规程及作业指导书。

（4）各专业工程施工质量验收规范。

（5）《中华人民共和国建筑法》、《建设工程质量管理条例》、环境保护条例及法规。

（6）安全施工管理条例等。

### 4.2.2 施工项目质量计划的编制要求

施工项目质量计划应由项目经理主持编制。质量计划作为对外质量保证和对内质量控制的依据文件，应体现施工项目从分项工程、分部工程到单位工程的过程控制，同时也要体现从资源投入到完成工程质量最终检验和试验的全过程控制。施工项目质量计划编制的要求主

要包括以下几个方面：

1. 质量目标

合同范围内的全部工程的所有使用功能符合设计（或更改）图纸要求。分项、分部、单位工程质量达到既定的施工质量验收统一标准，合格率 100%，其中专项达到：①所有隐蔽工程为业主质检部门验收合格。②卫生间不渗漏，地下室、地面不出现渗漏，所有门窗不渗漏雨水。③所有保温层、隔热层不出现冷热桥。④所有高级装饰达到有关设计规定。⑤所有的设备安装、调试符合有关验收规范。⑥特殊工程的目标。⑦工程交工后维修期为一年，其中屋面防水维修期三年。⑧工程基础和地下室××年×月×日前完工；主体××年×月×日完工；设备安装和装修××年×月×日交付业主（或安装）；分包工程××项××年×月×日交工。

2. 管理职责

项目经理是本工程实施的最高负责人，对工程符合设计、验收规范、标准要求负责，对各阶段、各工号按期交工负责。

项目经理委托项目质量副经理（或技术负责人）负责本工程质量计划和质量文件的实施及日常质量管理工作。当有更改时，负责更改后的质量文件活动的控制和管理。①对本工程的准备、施工、安装、交付和维修整个过程质量活动的控制、管理、监督、改进负责。②对进场材料、机械设备的合格性负责。③对分包工程质量的管理、监督、检查负责。④对设计和合同有特殊要求的工程和部位负责组织有关人员、分包商和用户按规定实施，指定专人进行相互联络，解决相互间接口发生的问题。⑤对施工图纸、技术资料、项目质量文件、记录的控制和管理负责。

项目生产副经理对工程进度负责，调配人力、物力保证按图纸和规范施工，协调同业主、分包商的关系，负责审核结果、整改措施和质量纠正措施和实施。

队长、工长、测量员、试验员、计量员在项目质量副经理的直接指导下，负责所管部位和分项施工全过程的质量，使其符合图纸和规范要求，有更改者符合更改要求，有特殊规定者符合特殊要求。

材料员、机械员对进场的材料、构件、机械设备进行质量验收或退货、索赔，有特殊要求的物资、构件、机械设备执行质量副经理的指令。对业主提供的物资和机械设备负责按合同规定进行验收，对分包商提供的物资和机械设备按合同规定进行验收。

3. 资源提供

规定项目经理部管理人员及操作工人的岗位任职标准及考核认定方法。

规定项目人员流动时进出人员的管理程序。

规定人员进场培训（包括供方队伍、临时工、新进场人员）的内容、考核、记录等。

规定对新技术、新结构、新材料、新设备修订的操作方法和操作人员进行培训并记录等。

规定施工所需的临时设施（含临建、办公设备、住宿房屋等）、支持性服务手段、施工设备及通讯设备等。

4. 工程项目实现过程策划

规定施工组织设计或专项项目质量的编制要点及接口关系。

规定重要施工过程的技术交底和质量策划要求。

规定新技术、新材料、新结构、新设备的策划要求。

规定重要过程验收的准则或技艺评定方法。

5. 业主提供的材料、机械设备等产品的过程控制

施工项目上需用的材料、机械设备在许多情况下是由业主提供的。对这种情况要做出如下规定：①业主如何标识、控制其提供产品的质量。②检查、检验、验证业主提供产品满足规定要求的方法。③对不合格的处理办法。

6. 材料、机械、设备、劳务及试验等采购控制

由企业自行采购的工程材料、工程机械设备、施工机械设备、工具等，质量计划作如下规定：①对供方产品标准及质量管理体系的要求。②选择、评估、评价和控制供方的方法。③必要时对供方质量计划的要求及引用的质量计划。④采购的法规要求。⑤有可追溯性（追溯所考虑对象的历史、应用情况或所处场所的能力）要求时，要明确追溯内容的形成、记录、标志的主要方法。⑥需要的特殊质量保证证据。

7. 产品标识和可追溯性控制

隐蔽工程、分项分部工程质量验评、特殊要求的工程等必须做可追溯性记录，质量计划要对其可追溯性范围、程序、标识、所需记录及如何控制和分发这些记录等内容作出规定。

坐标控制点、标高控制点、编号、沉降观察点、安全标志、标牌等是工程重要标识记录，质量计划要对这些标识的准确性控制措施、记录等内容做规定。

重要材料（水泥、钢材、构件等）及重要施工设备的运作必须具有可追溯性。

8. 施工工艺过程的控制

对工程从合同签订到交付全过程的控制方法作出规定。

对工程的总进度计划、分段进度计划、分包工程的进度计划、特殊部位进度计划、中间交付的进度计划等做出过程识别和管理规定。

规定工程实施全过程各阶段的控制方案、措施、方法及特别要求等。主要包括下列过程：①施工准备；②土石方工程施工；③基础和地下室施工；④主体工程施工；⑤设备安装；⑥装饰装修；⑦附属建筑施工；⑧分包工程施工；⑨冬、雨期施工；⑩特殊工程施工；⑪交付。

规定工程实施过程需用的程序文件、作业指导书（如工艺标准、操作规程、工法等），作为方案和措施必须遵循的办法。

规定对隐蔽工程、特殊工程进行控制、检查、鉴定验收、中间交付的方法。

规定工程实施过程需要使用的主要施工机械、设备、工具的技术和工作条件、运行方案、操作人员上岗条件和资格等内容，作为对施工机械设备的控制方式。

规定对各分包单位项目上的工作表现及其工作质量进行评估的方法、评估结果送交有关部门、对分包单位的管理办法等，以此控制分包单位。

9. 搬运、贮存、包装、成品保护和交付过程的控制。

规定工程实施过程在形成的分项、分部、单位工程的半成品、成品保护方案、措施、交接方式等内容，作为保护半成品、成品的准则。

规定工程期间交付、竣工交付、工程的收尾、维护、验评、后续工作处理的方案、措施，作为管理的控制方式。

规定重要材料及工程设备的包装防护的方案及方法。

10. 安装和调试的过程控制

对于工程水、电、暖、电讯、通风、机械设备等的安装、检测、调试、验评、交付、不合格的处置等内容规定方案、措施、方式。由于这些工作同土建施工交叉配合较多，因此对于交叉接口程序、验证的特性、交接验收、检测、试验设备要求、特殊要求等内容要做明确规定，以便各方面实施时遵循。

11. 检验、试验和测量的过程控制

规定材料、构件、施工条件、结构形式在什么条件、什么时间必须进行检验、试验、复验，以验证是否符合质量和设计要求，如钢材进场必须进行型号、钢种、炉号、批量等内容的检验，不清楚时要进行取样试验或复验。

规定施工现场必须设立试验室、试验员，配置相应的试验设备，完善试验条件，规定试验人员资格和试验内容。对于特定要求要规定试验程序及对程序过程进行控制的措施。

当企业和现场条件不能满足所需各项试验要求时，要规定委托上级试验或外单位试验的方案和措施。当有合同要求的专业试验时，应规定有关的试验方案和措施。

对于需要进行状态检验和试验的内容，必须规定每个检验试验点所需检验、试验的特性、所采用程序、验收准则、必须的专用工具、技术人员资格、标识方式、记录等要求。例如，结构的荷载试验等。

当有业主亲自参加见证或试验的过程或部位时，要规定该过程或部位的所在地，见证或试验时间，如何按规定进行检验试验，前后接口部位的要求等内容。例如，屋面、卫生间的渗漏试验。

当有当地政府部门要求进行或亲临的试验、检验过程或部位时，要规定该过程或部位在何处、何时、如何按规定由第三方进行检验和试验。例如，搅拌站空气粉尘含量测定、防火设施验收、压力容器使用验收、污水排放标准测定等。

对于施工安全设施、用电设施、施工机械设备安装、使用、拆卸等，要规定专门安全技术方案、措施、使用的检查验收标准等内容。

要编制现场计量网络图、明确工艺计量、检测计量、经营计量的网络、计量器具的配备方案、检测数据的控制管理和计量人员的资格。

编制控制测量、施工测量的方案，制定测量仪器配置、人员资格、测量记录控制、标识确认、纠正、管理等措施。

要编制分项、分部、单位工程和项目检查验收、交付验评的方案，作为交验时进行控制的依据。

12. 检验、试验、测量设备的过程控制

规定要在本工程项目上使用所有检验、试验、测量和计量设备的控制和管理制度，包括：①设备的标识方法；②设备校准的方法；③标明、记录设备准状态的方法；④明确哪些记录需要保存，以便一旦发现设备失准时，能确定以前的测试结果是否有效。

13. 不合格品的控制

要编制工种、分项、分部工程不合格产品出现的方案、措施，以及防止与合格之间发生混淆的标识和隔离措施。规定哪些范围不允许出现不合格，明确一旦出现不合格哪些允许修补返工，哪些必须推倒重来，哪些必须局部更改设计或降级处理。

编制控制质量事故发生的措施及一旦发生后的处置措施。

规定当分项分部和单位工程不符合设计图纸（更改）和规范要求时，项目和企业各方面对这种情况的处理有如下职权：①质量监督检查部门有权提出返工修补处理、降级处理或作不合格品处理。②质量监督检查部门以图纸（更改）、技术资料、检测记录为依据，用书面形式向以下各方发出通知：当分项分部项目工程不合格时通知项目质量副经理和生产副经理；当分项工程不合格时通知项目经理；当单位工程不合格时通知项目经理和公司生产经理。

上述接收返工修补处理、降级处理或不合格处理通知方有权接受和拒绝这些要求：当通知方和接收通知方意见不能调解时，则上级质量监督检查部门、公司质量主管负责人，乃至经理裁决；若仍不能解决时申请由当地政府质量监督部门裁决。

## 本章练习题

1. 施工项目质量计划的主要内容有哪些？
2. 施工项目质量计划的编制要求有哪些？

第5章

# 工程项目建设程序

## 5.1 建设项目及其组成和特点

### 5.1.1 建设项目

建设项目是固定资产投资项目，是作为建设单位的被管理对象的一次性建设任务，是投资经济学科的一个基本范畴。固定资产投资项目又包括基本建设项目和技术改造项目。

建设项目在一定的约束条件下，以形成固定资产为特定目标。

约束条件：时间约束，即一个建设项目有合理的建设工期目标；资源约束，即一个建设项目有一定的投资总量目标；质量约束，即一个建设项目都有预期的生产能力、技术水平或使用效益目标。

建设项目的管理主体是建设单位，项目是建设单位实现目标的一种手段。在国外，投资主体、业主和建设单位一般是三位一体的，建设单位的模板就是投资者的模板。而在我国，投资主体、业主和建设单位有时是分离的，给建设项目的管理带来一定的困难。

### 5.1.2 施工项目

施工项目是施工企业自施工投标开始到保修期满为止的全过程中完成的项目，是作为施工企业的被管理对象的一次性施工任务。

施工项目的管理主体是施工承包企业。施工项目的范围是由工程承包合同界定的，可能是建设项目的全部施工任务，也可能是建设项目中的一个单项工程或单位工程的施工任务。

### 5.1.3 建设项目的组成

按照建设项目分解管理的需要，可将建设项目分解为单项工程、单位工程（子单位工程)、分部工程（子分部工程)、分项工程和检验批。

1. 单项工程（也称工程项目）

凡是具有独立的设计文件，竣工后可以独立发挥生产能力或效益的一组工程项目，称为一个单项工程。一个建设项目，可由一个单项工程组成，也可由若干个单项工程组成。单项工程体现了建设项目的主要建设内容，其施工条件往往具有相对的独立性。

2. 单位（子单位）工程

具备独立施工条件（具有单独设计，可以独立施工），并能形成独立使用功能的建筑物及构筑物为一个单位工程。单位工程是单项工程的组成部分，一个单项工程一般都由若干个单位工程所组成。

一般情况下，单位工程是一个单体的建筑物或构筑物。建筑规模较大的单位工程，可将其能形成独立使用功能的部分作为一个子单位工程。

3. 分部（子分部）工程

组成单位工程的若干个分部称为分部工程。分部工程的划分应按专业性质、建筑部位确定。

当分部工程较大或较复杂时，可按材料种类、施工特点、施工程序、专业系统及类别等划分为若干子分部工程。

4. 分项工程

组成分部工程的若干个施工过程称为分项工程。分项工程应按主要工种、材料、施工工艺、设备类别等进行划分。如主体混凝土结构可以划分为模板、钢筋、混凝土、预应力、现浇结构、装配式结构等分项工程。

5. 检验批

按现行《建筑工程施工质量验收统一标准》（GB 50300—2001）规定，建筑工程质量验收时，可将分项工程进一步划分为检验批。检验批是指同一的生产条件或按规定的方式汇总起来供检验用的，由一定数量样本组成的检验体。一个分项工程可由一个或若干个检验批组成，检验批可根据施工及质量控制和专业验收需要，按楼层、施工段、变形缝等进行划分。

### 5.1.4 工程项目的特点

主要表现在项目的单一性、资源的高投入性、生产的一次性和使用的长期性，具有风险性和管理方式的特殊性等。

1. 项目的单一性

工程项目是在特定的自然条件下按业主的建设意图来进行设计和施工的。即使是同一类型的工程项目，其建设规模、使用功能、效益、材料和设备、施工内外部管理条件、工程所在地点的自然和社会环境、生产工艺过程等也各不相同，设计和施工存在很大差异，因此，工程项目的特点之一是具有单一性。

2. 资源的高投入性

任何一个工程项目都要投入大量的人力、物力和财力，投入建设的时间也是一般工业产品所不可比拟的。

3. 建设周期的长久性

建筑产品的生产周期是指建设项目或单位工程在建设过程中所耗用的时间，即从开始施工起，到全部建成投产或交付使用、发挥效益时为止所经历的时间。

建筑产品生产周期长，因此它必须长期大量占用和消耗人力、物力和财力，要到整个生产周期完结才能出产品。故应科学的组织建筑生产，不断缩短生产周期，尽快提供投资效果。

4. 生产的一次性和使用的长期性

工程项目必须在一次建设过程中全部完成，不能多次重复生产，而且使用期限长，一般达几十年。质量必须达到合同规定的要求，且无法更换和退换，否则会影响工程的正常使用，甚至在使用过程中会危及项目的安全，造成重大损失。

5. 建筑生产的流动性

建筑产品的固定性和严格的施工顺序，带来了建筑产品生产的流动性，使生产者和生产工具经常流动转移，要从一个施工段转到另一个施工段，从房屋的这个部位转到那个部位，还要从一个工地转移到另一个工地。

6. 管理方式的特殊性

由于工程项目资源的投入高，而且是在特殊的环境下建设，受到各种自然因素的影响，施工条件复杂，施工生产又具有一次性和使用的长期性等特点，因此，必须加强工程项目的管理，对工程项目的实施过程进行严格的监督和控制，使工程项目质量形成的全过程处于受控状态，以保证工程项目的质量符合规定的要求。

7. 具有风险性

由于工程项目受到各种自然因素的影响，同时各种技术因素和社会因素也都将影响到工程项目的建设及其质量，因此，工程项目的建设具有一定的风险性，而且工程项目的建设周期愈长，所遭遇的风险机会也就愈多。

### 5.1.5　施工质量的特点

1. 影响因素多

如设计、材料、机械、地形、地质、水文、气象、施工工艺、操作方法、技术措施、管理制度等，均直接影响工程项目的质量。

2. 容易产生质量变异

由于影响施工项目质量的偶然性因素和系统性因素都较多，因此，很容易产生质量变异。

3. 质量隐蔽性

工程项目在施工过程中，由于工序交接多，中间产品多，隐蔽工程多，若不及时检查并发现其存在的质量问题，事后看时其表面质量可能很好，容易产生判断错误，即将不合格的产品认为是合格的产品。

4. 质量检查不能解体、拆卸

工程项目建成后，不可能像某些工业产品那样，再拆卸或解体检查其内在的质量，或重新更换零件。即使发现质量有问题，也不可能像工业产品那样轻易报废、推倒重来。

5. 质量要受投资、进度的制约

施工项目的质量，受投资、进度的制约较大，如一般情况下，投资大、管理好、不抢进度，质量就好，反之，质量则差。因此，项目在施工中，还必须正确处理质量、投资、进度三者之间的关系，使其达到对立的统一，达到系统最优。

## 5.2　工程项目建设程序

工程项目建设程序是指工程项目从策划、选择、评估、决策、设计、施工到竣工验收、投入生产和交付使用的整个建设过程中，各项工作必须遵循的先后工作次序。工程项目建设程序是工程建设过程客观规律的反映，是工程项目科学决策和顺利进行的重要保证。

世界上各个国家和国际组织在工程项目建设程序上可能存在着某些差异，但是按照工程建设项目发展的内在规律，投资建设一个工程项目都要经过投资决策和建设实施两个发展时期。这两个发展时期又可分为若干个阶段，它们之间存在着严格的先后次序，可以进行合理的交叉，但不能任意颠倒次序。

以世界银行贷款项目为例，其建设周期包括项目选定、项目准备、项目评估、项目谈判、项目实施和项目总结评价六个阶段。每一个阶段的工作深度，决定着项目在下一阶段的发展，彼此相互联系、相互制约。在项目选定阶段，要根据借款申请国所提出的项目清单，进行鉴别选择，一般根据项目性质选择符合世界银行贷款原则，有助于当地经济和社会发展的急需项目。被选定的项目经过1～2年的准备，提出详细可行性研究报告，由世界银行组织专家进行项目评估之后，与申请国贷款银行谈判、签订协议，然后进入项目的勘察设计、采购、施工、生产准备和试运转等实施阶段，在项目贷款发放完成后一年左右进行项目的总结评价。正是由于其科学、严密的项目周期，保证了世界银行在各国投资保持有较高的成功率。

按照我国现行规定，一般大、中型及限额以上工程项目的建设程序可以分为以下几个阶段：

（1）根据国民经济和社会发展长远规划，结合行业和地区发展规划的要求，提出项目建议书。

（2）在勘察、试验、调查研究及详细技术经济论证的基础上编制可行性研究报告。

（3）根据咨询评估情况，对工程项目进行决策。

（4）根据可行性研究报告，编制设计文件。

（5）初步设计经批准后，做好施工前的各项准备工作。

（6）组织施工，并根据施工进度，做好生产或动用前的准备工作。

（7）项目按批准的设计内容完成，经投料试车验收合格后正式投产交付使用。

（8）生产运营一段时间（一般为1年）后，进行项目后评价。

### 5.2.1 项目建议书阶段

项目建议书是业主单位向国家提出的要求建设某一项目的建议文件，是对工程项目建设的轮廓设想。项目建议书的主要作用是推荐一个拟建项目，论述其建设的必要性、建设条件的可行性和获利的可能性，供国家选择并确定是否进行下一步工作。

项目建议书的内容视项目的不同而有繁有简，但一般应包括以下几方面的内容：

（1）项目提出的必要性和依据。

（2）产品方案、拟建规模和建设地点的初步设想。

（3）资源情况、建设条件、协作关系等的初步分析。

（4）投资估算和资金筹措设想。

（5）项目的进度安排。

（6）经济效益和社会效益的估计。

项目建议书按要求编制完成后，应根据建设规模和限额划分分别报送有关部门审批。按现行规定，大、中型及限额以上项目的项目建议书首先应报送行业归口主管部门，同时抄送国家计委。行业归口主管部门根据国家中长期规划要求，着重从资金来源、建设布局、资金合理利用、经济合理性、技术政策等方面进行初审。行业归口主管部门初审通过后报国家计

委，由国家计委从建设总规模、生产力总布局、资源优化配置及资金供应可能、外部协作条件等方面进行综合平衡，还要委托具有相应资质的工程咨询单位评估后审批。凡行业归口主管部门初审未通过的项目，国家计委不予批准。凡属小型或限额以下项目的项目建议书，按项目隶属关系由部门或地方计委审批。

项目建议书经批准后，可以进行详细的可行性研究工作，但并不表明项目非上不可，项目建议书不是项目的最终决策。

### 5.2.2　可行性研究阶段

项目建议书一经批准，即可着手开展项目可行性研究工作。可行性研究是对工程项目在技术上是否可行和经济上是否合理进行科学的分析和论证。

（1）可行性研究的工作内容。可行性研究应完成以下工作内容：

1）进行市场研究，以解决项目建设的必要性问题。

2）进行工艺技术方案的研究，以解决项目建设的技术可能性问题。

3）进行财务和经济分析，以解决项目建设的合理性问题。凡经可行性研究未通过的项目，不得进行下一步工作。

（2）可行性研究的报告的内容。可行研究工作完成后，需要编写出反映其全部工作成果的可行性研究报告。就其内容来看，各类项目的可行性研究报告内容不尽相同，但一般应包括以下基本内容：

1）项目提出的背景、投资的必要性和研究工作依据。

2）需求预测及拟建规模、产品方案和发展方向的技术经济比较和分析。

3）资源、原材料、燃料及公用设施情况。

4）项目设计方案及协作配套工程。

5）建厂条件与厂址方案。

6）环境保护、防震、防洪等要求及其相应措施。

7）企业组织、劳动定员和人员培训。

8）建设工期和实施进度。

9）投资估算和资金筹措方式。

10）经济效益和社会效益。

（3）可行性研究报告的审批。按照国家现行规定，凡属中央政府投资、中央和地方政府合资的大、中型和限额以上项目的可行性研究报告，都要报送国家计委审批。国家计委在审批过程中要征求行业主管部门和国家专业投资公司的意见，同时要委托具有相应资质的工程咨询公司进行评估。总投资在 2 亿元以上的项目，无论是中央政府投资还是地方政府投资，都要经国家计委审查后报国务院批准。中央各部门所属小型和限额以下项目的可行性研究报告，由各部门审批。总投资在 2 亿元以下的地方政府投资项目，其可行性研究报告由地方计委审批。

可行性研究报告经过正式批准后，将作为初步设计的依据，不得随意修改和变更。如果在建设规模、产品方案、建设地点、主要协作关系等方面有变动以及突破原定投资控制数时，应报请原审批单位同意，并正式办理变更手续。可行性研究报告经批准，建设项目才算正式“立项”。

### 5.2.3 设计工作阶段

设计是对拟建工程的实施在技术上和经济上所进行的全面而详尽的安排，是基本建设计划的具体化，同时是组织施工的依据。工程项目的设计工作一般化分为两个阶段，即初步设计和施工图设计。重大项目和技术复杂项目，可根据需要增加技术设计阶段。

（1）初步设计。初步设计是根据可行性研究报告的要求所做的具体实施方案，目的是为了阐明在指定的地点、时间和投资控制数额内，拟建项目在技术上的可能性和经济上的合理性，并通过对工程项目所作出的基本技术经济规定，编制项目总概算。

初步设计不得随意改变被批准的可行性研究报告所确定的建设规模、产品方案、工程标准、建设地址和总投资等控制目标。如果初步设计提出的总概算超过可行研究报告总投资的10%以上或其他主要指标需要变更时，应说明原因和计算依据，并重新向原审批单位报批可行性研究报告。

（2）技术设计。应根据初步设计和更详细的调查研究资料编制，以进一步解决初步设计中的重大技术问题，如工艺流程、建筑结构、设备选型及数量确定等，使工程建设项目的设计更具体、更完善，技术指标更好。

（3）施工图设计。根据初步设计或技术设计的要求，结合现场实际情况，完整的表现建筑物外形、内部空间分割、结构体系、构造状况以及建筑群的组成和周围环境的配合。它还包括各种运输、通信、管道系统、建筑设备的设计。在工艺方面，应具体确定各种设备的型号、规格及各种非标准设备的制造加工图。

### 5.2.4 建设准备阶段

项目在开工建设之前要切实做好各项准备工作，其主要内容包括：

（1）征地、拆迁和场地平整。

（2）完成施工用水、电、路等工作。

（3）组织设备、材料订货。

（4）准备必要的施工图纸。

（5）组织施工招标，择优选定施工单位。

按规定进行了建设准备和具备了开工条件以后，便应组织开工。建设单位申请批准开工要经国家计委统一审核后，编制年度大中型和限额以上工程建设项目新开工计划报国务院批准。部门和地方政府无权自行审批大、中型和限额以上工程建设项目开工报告。年度大、中型和限额以上新开工项目经国务院批准，国家计委下达项目计划。

一般项目在报批新开工前，必须由审计机关对项目的有关内容进行审计证明。审计机关主要是对项目的资金来源是否正当及落实情况，项目开工前的各项支出是否符合国家有关规定，资金是否存入规定的专业银行进行审计。新开工的项目还必须具备按施工顺序需要至少3个月以上的工程施工图纸，否则不能开工建设。

### 5.2.5 施工安装阶段

工程项目经批准新开工建设，项目即进入了施工阶段，项目新开工时间，是指工程建设项目设计文件中规定的任何一项永久性工程第一次正式破土开槽开始施工的日期。不需开槽

的工程，正式开始打桩的日期就是开工日期。铁路、公路、水库等需要进行大量土方、石方工程的，以开始进行土方、石方工程的日期作为正式开工日期。工程地质勘察、平整场地、旧建筑物的拆除、临时建筑、施工用临时道路和水、电等工程开始施工的日期不能算作正式开工日期。分期建设的项目分别按各期工程开工的日期计算，如二期工程应根据工程设计文件规定的永久性工程开工的日期计算。

施工安装活动应按照工程设计要求、施工合同条款及施工组织设计，在保证工程质量、工期、成本及安全、环境等目标的前提下进行，达到竣工验收标准后，由施工单位移交给建设单位。

### 5.2.6　生产准备阶段

对于生产性建设项目而言，生产准备是项目投产前由建设单位进行的一项重要工作。它是衔接建设和生产的桥梁，是项目建设转入生产经营的必要条件。建设单位应适时组成专门班子或机构做好生产准备工作，确保项目建成后能及时投产。

生产准备工作的内容根据项目或企业的不同，其要求也各不相同，但一般应包括以下主要内容：

(1) 招收和培训生产人员。招收项目运营过程中所需要的人员，并采用多种方式进行培训。特别要组织生产人员参加设备的安装、调试和工程验收工作，使其能尽快掌握生产技术和工艺流程。

(2) 组织准备。主要包括生产管理机构设置、管理制度和有关规定的制订、生产人员配备等。

(3) 技术准备。主要包括国内装置设计资料的汇总，有关国外技术资料的翻译、编辑，各种生产方案、岗位操作法的编制以及新技术的准备等。

(4) 物资准备。主要包括落实原材料、协作产品、燃料、水、电、气等的来源和其他需协作配合的条件，并组织工装、器具、备品、备件等的制造或订货。

### 5.2.7　竣工验收阶段

当工程项目按设计文件的规定内容和施工图纸的要求全部建完后，便可组织验收。竣工验收是工程建设过程的最后一环，是投资成果转入生产或使用的标志，也是全面考核基本建设成果、检验设计和工程质量的重要步骤。竣工验收对促进建设项目及时投产，发挥投资效益及总结建设经验，都有重要作用。通过竣工验收，可以检查建设项目实际形成生产能力或效益，也可避免项目建成后继续消耗建设费用。

1. 竣工验收的范围和标准

按照国家现行规定，所有基本建设项目和更新改造项目，按批准的设计文件所规定的内容建成，符合验收标准，即工业项目经过投料试车（带负荷运转）合格，形成生产能力的；非工业项目符合设计要求，能够正常使用的，都应及时组织竣工验收，办理固定资产移交手续。工程项目竣工验收、交付使用，应达到下列标准：

(1) 生产性项目和辅助公用设施已按设计要求建完，能满足生产要求。

(2) 主要工艺设备已安装配套，经联动负荷试车合格，形成生产能力，能够生产出设计文件规定的产品。

（3）职工宿舍和其他必要的生产福利设施，能适应投产初期的需要。

（4）生产准备工作能适应投产初期的需要。

（5）环境保护设施、劳动安全卫生设施、消防设施已按设计要求与主体工程同时建成使用。

以上是国家对工程建设项目竣工应达到标准的基本规定，各类工程建设项目除了应遵循这些共同标准外，还要结合专业特点确定其竣工应达到的具体条件。

对某些特殊情况，工程施工虽未全部按设计要求完成，也应进行验收，这些特殊情况主要是指：

（1）因少数非主要设备或某些特殊材料短期内不能解决，虽然工程内容尚未全部完成，但已可以投产或使用。

（2）按规定的内容已建完，但因外部条件的制约，如流动资金不足、生产所需原材料不能满足等，而使已建成工程不能投入使用。

（3）有些工程项目或单位工程，已形成部分生产能力，但近期内不能按原设计规模续建，应从实际情况出发经主管部门批准后，可缩小规模对已完成的工程和设备组织竣工验收，移交固定资产。

按国家现行规定，已具备竣工验收条件的工程，3个月内不办理验收投产和移交固定资产手续的，取消企业和主管部门（或地方）的基建试车收入分成，由银行监督全部上交财政。如3个月内办理竣工验收确有困难，经验收主管部门批准，可以适当推迟竣工验收时间。

2. 竣工验收的准备工作

建设单位应认真做好工程竣工验收的准备工作，主要包括：

（1）整理技术资料。技术资料主要包括土建施工、设备安装方面及各种有关的文件、合同和试生产情况报告等。

（2）绘制竣工图。工程建设项目竣工图是真实记录各种地下、地上建筑物等详细情况的技术文件，是对工程进行交工验收、维护、扩建、改建的依据，同时也是使用单位长期保存的技术资料。关于绘制竣工图的规定如下：

1）凡按图施工没有变动的，由施工承包单位（包括总包单位和分包单位）在原施工图上加盖“竣工图”标志后，即作为竣工图。

2）凡在施工中，虽有一般性设计变更，但能将原图加以修改补充作为竣工图的，可不重新绘制，由施工承包单位负责在原施工图（必须新蓝图）上注明修改部分，并附以设计变更通知单和施工说明，加盖“竣工图”标志后，即作为竣工图。

3）凡结构形式改变、工艺改变、平面布置改变、项目改变以及有其他重大改变，不宜再在原施工图上修改补充的，应重新绘制改变后的竣工图。由于设计原因造成的，由设计单位负责重新绘制图；由于施工单位原因造成的，由施工承包单位负责重新绘图；由于其他原因造成的，由业主自行绘图或委托设计单位绘图，施工承包单位负责在新图上加盖“竣工图”标志，并附以有关记录和说明，作为竣工图。竣工图必须准确、完整、符合归档要求，方能交工验收。

（3）编制竣工决算。建设单位必须及时清理所有财产、物资和未花完或应收回的资金，编制工程竣工决算，分析概（预）算执行情况，考核投资效益，报请主管部门审查。

3. 竣工验收的程序和组织

根据国家现行规定，规模较大、较复杂的工程建设项目应先进行初验，然后进行正式验收。规模较小、较简单的工程项目，可以一次进行全部项目的竣工验收。

工程项目全部建完，经过各单位工程的验收，符合设计要求，并具备竣工图、竣工决算、工程总结等必要文件资料，由项目主管部门或建设单位向负责验收的单位提出竣工验收申请报告。

大、中型和限额以上项目由国家计委或国家计委委托项目主管部门、地方政府组织验收。小型和限额以下项目，由项目主管部门或地方政府组织验收。竣工验收要根据工程规模及复杂程度组成验收委员会或验收组。验收委员会或验收组负责审查工程建设的各个环节，听取各有关单位的工作汇报。审阅工程档案、实地查验建筑安装工程实体，对工程设计、施工和设备质量等做出全面评价。不合格的工程不予验收。对遗留问题要提出具体解决意见，限期落实完成。

### 5.2.8 后评价阶段

项目后评价是工程项目竣工投产、生产运营一段时间后，再对项目的立项决策、设计施工、竣工投产、生产运营等全过程进行系统评价的一种技术经济活动，是固定资产投资管理的一项重要内容，也是固定资产投资管理的最后一个环节。通过建设项目后评价，可以达到肯定成绩、总结经验、研究问题、吸取教训、提出建议、改进工作、不断提高项目决策水平和投资效果的目的。

项目后评价的内容包括立项决策评价、设计施工评价、生产运营评价和建设效益评价。在实际工作中，可以根据建设项目的特点和工作需要而有所侧重。

项目后评价的基本方法是对比法。就是将工程项目建成投产后所取得的实际效果、经济效益和社会效益、环境保护等情况与前期决策阶段的预测情况相对比，与项目建设前的情况相对比，从中发现问题，总结经验和教训。在实际工作中，往往从以下三个方面对建设项目进行后评价。

(1) 影响评价。通过项目竣工投产（营运、使用）后对社会的经济、政治、技术和环境等方面所产生的影响来评价项目决策的正确性。如果项目建成后达到了原来预期的效果，对国民经济发展、产业结构调整、生产力布局、人民生活水平的提高、环境保护等方面都带来有益的影响，说明项目决策是正确的。如果背离了既定的决策目标，就应具体分析，找出原因，引以为戒。

(2) 经济效益评价。通过项目竣工投产后所产生的实际经济效益与可行性研究时所预测的经济效益相比较，对项目进行评价。对生产性建设项目要运用投产运营后的实际资料计算财务内部收益率、财务净现值、财务净现值率、投资利润率、投资利税率、贷款偿还期、国民经济内部收益率、经济净现值、经济净现值率等一系列后评价指标，然后与可行性研究阶段所预测的相应指标进行对比，从经济上分析项目投产运营后是否达到了预期效果。没有达到预期效果的应分析原因，采取措施，提高经济效益。

(3) 过程评价。对工程项目的立项决策、设计施工、竣工投产、生产运营等全过程进行系统分析，找出项目后评价与原预期效益之间的差异及其产生的原因，使后评价结论有根有据，同时，针对问题提出解决办法。

以上三个方面的评价有着密切的联系，必须全面理解和运用，才能对后评价项目做出客观、公正、科学的结论。

## 5.3 施工项目管理程序

施工项目管理程序是拟建工程项目在整个施工阶段中必须遵循的客观规律，它是长期施工实践经验的总结，反映了整个施工阶段必须遵循的先后次序 。

项目管理的内容与程序要体现企业管理层和项目管理层参与的项目管理活动。项目管理的每一过程，都应体现计划、实施、检查、处理的持续改进过程。

企业法定代表人向项目经理下达“项目管理目标责任书”，确定项目经理部的管理内容，由项目经理负责组织实施。项目管理应体现管理的规律，企业利用制度保证项目管理按规定程序运行。

项目管理的内容主要包括：编制“项目管理规划大纲”和“项目管理实施规划”，项目进度控制，项目质量控制，项目安全控制，项目成本控制，项目人力资源管理，项目材料管理，项目机械设备管理，项目技术管理，项目资金管理，项目合同管理，项目信息管理，项目现场管理，项目组织协调，项目竣工验收，项目考核评价和项目回访保修。

项目管理的程序主要有：编制项目管理规划大纲，编制投标书并进行投标，签订施工合同，选定项目经理，项目经理接受企业法定代表人的委托组建项目经理部，企业法定代表人与项目经理签订“项目管理目标责任书”，项目经理部编制“项目管理实施规划”，进行项目开工前的准备，施工期间按“项目管理实施规划”进行管理，在项目竣工验收阶段进行竣工结算，清理各种债权债务，移交资料和工程，进行经济分析，做出项目管理总结报告并送企业管理层有关职能部门，企业管理层组织考核委员会对项目管理工作进行考核评价并兑现“项目管理目标责任书”中的奖惩承诺，项目经理部解体，在保修期满前企业管理层根据“工程质量保修书”的约定进行项目回访保修。

### 5.3.1 项目管理规划

项目管理规划分为项目管理规划大纲和项目管理实施规划。

1. 项目管理规划大纲

该大纲是指由企业管理层在投标之前编制的，旨在作为投标依据、满足招标文件要求及签订合同要求的文件。根据我国《建设工程项目管理规范》要求，项目管理规划大纲主要包括：

（1）项目概况。

（2）项目实施条件分析。

（3）项目投标活动及签订施工合同的策略。

（4）项目管理目标。

（5）项目组织结构。

（6）质量目标和施工方案。

（7）工期目标和施工总进度计划。

（8）成本目标。

(9) 项目风险预测和安全目标。

(10) 项目现场管理和施工平面图。

(11) 投标和签订施工合同。

(12) 文明施工及环境保护。

2. 项目管理实施规划

该规划是在开工之前由项目经理主持编制的，旨在指导施工项目实施阶段管理的文件。根据我国《建设工程项目管理规范》要求，项目管理实施规划应包括下列内容：

(1) 工程概况。包括：工程特点，建设地点及环境特征，施工条件，项目管理特点及总体要求。

(2) 施工部署。包括：项目的质量、进度、成本及安全目标，拟投入的最高人数和平均人数，分包计划，劳动力使用计划，材料供应计划，机械设备供应计划，施工程序，项目管理总体安排。

(3) 施工方案。包括：施工流向和施工顺序，施工阶段划分，施工方法和施工机械选择，安全施工设计，环境保护内容及方法。

(4) 施工进度计划。应包括施工总进度计划和单位工程施工进度计划。

施工总进度计划应依据施工合同、施工进度目标、工期定额、有关技术经济资料、施工部署与主要工程施工方案等编制。施工总进度计划的内容应包括编制说明，施工总进度计划表，分期分批施工工程的开工日期、完工日期及工期一览表，资源需要量及供应平衡表等。

单位工程施工进度计划的编制依据包括：项目管理目标责任书，施工总进度计划，施工方案，主要材料和设备的供应能力，施工人员的技术素质及劳动效率，施工现场条件、气候条件、环境条件，已建成的同类工程实际进度及经济指标。单位工程施工进度计划的内容应包括编制说明、进度计划图、单位工程施工进度计划的风险分析及控制措施。

(5) 资源供应计划。包括：劳动力需求计划，主要材料和周转材料需求计划，机械设备需求计划，预制品订货和需求计划，大型工具、器具需求计划。

(6) 施工准备工作计划。包括：施工准备工作组织及时间安排，技术准备及编制质量计划，施工现场准备，作业队伍和管理人员的准备，物资准备，资金准备。

(7) 施工平面图。包括：施工平面图说明，施工平面图，施工平画图管理规划。

(8) 技术组织措施计划。包括：保证进度目标的措施，保证质量目标的措施，保证安全目标的措施，保证成本目标的措施，保证季度施工的措施，保护环境的措施，文明施工措施。各项措施应包括技术措施、组织措施、经济措施及合同措施。

(9) 项目风险管理。包括：项目风险因素识别一览表，风险可能出现的概率及损失值估计，风险管理要点，风险防范对策，风险责任管理。

(10) 信息管理。包括：与项目组织相适应的信息流通系统，信息中心的建立规划，项目管理软件的选择与使用规划，信息管理实施规划。

(11) 技术经济指标分析。包括：规划的指标，规划指标水平高低的分析和评价，实施难点的对策。

### 5.3.2 项目经理责任制

企业在进行施工项目管理时，要处理好企业管理层、项目管理层与劳务作业层的关系，实行项目经理责任制，在“项目管理目标责任书”中明确项目经理的责任、权力和利益。企业管理层还应制定和健全施工项目管理制度，规范项目管理，加强计划管理，保持资源的合理分布和有序流动，并为项目生产要素的优化配置和动态管理服务，对项目管理层的工作进行全过程指导、监督和检查。

项目管理层要做好资源的优化配置和动态管理，执行和服从企业管理层对项目管理工作的监督检查和宏观调控。企业管理层与劳务作业层签订劳务分包合同，项目管理层与劳务作业层建立共同履行劳务分包合同的关系。

根据企业法定代表人授权的范围、时间和内容，项目经理对开工项目自开工准备至竣工验收，实施全过程、全面管理。项目经理代表企业实施施工项目管理，贯彻执行国家法律、法规、方针、政策和强制性标准，执行企业的管理制度，维护企业的合法权益，履行“项目管理目标责任书”规定的各项任务。

### 5.3.3 施工项目目标控制

1. 进度控制

项目进度控制以实现施工合同约定的竣工日期为最终目标，建立以项目经理为责任主体，由子项目负责人、计划人员、调度人员、作业队长及班组长参加的项目进度控制体系。可按单位工程分解为交工分目标，可按承包的专业或施工阶段分解为完工分目标，也可按年、季、月计划期分解为时间目标。

项目经理部进行项目进度控制的程序如下：

(1) 根据施工合同确定的开工日期、总工期和竣工日期确定施工进度目标，明确计划开工日期、计划总工期和计划竣工日期，并确定项目分期分批的开工、竣工日期。

(2) 编制施工进度计划。施工进度计划根据工艺关系、组织关系、搭接关系、起止时间、劳动力计划、材料计划、机械计划及其他保证性计划等因素综合确定。

(3) 向监理工程师提出开工申请报告，并按监理工程师下达的开工令指定的日期开工。

(4) 实施施工进度计划，出现进度偏差时应及时进行调整，并不断预测未来进度状况。

(5) 全部任务完成后进行进度控制总结并编写进度控制报告。

2. 质量控制

项目质量控制坚持“质量第一，预防为主”的方针和“计划、执行、检查、处理”循环工作方法，不断改进过程控制，按 2000 版 GB/T 19000 系列标准和企业质量管理体系的要求进行，满足工程施工技术标准和发包人的要求。

项目质量控制因素包括人、材料、机械、方法、环境。质量控制按下列程序实施：

(1) 确定项目质量目标。

(2) 编制项目质量计划。

(3) 实施项目质量计划，包括施工准备阶段质量控制、施工阶段质量控制和竣工验收阶段质量控制。

3. 安全控制

项目安全控制必须坚持“安全第一、预防为主”的方针。项目经理部应建立安全管理体系和安全生产责任制。安全员持证上岗，保证项目安全目标的实现，项目经理是项目安全生产的总负责人。项目经理部根据项目特点，制定安全施工组织设计或安全技术措施，根据施

工中人的不安全行为、物的不安全状态、作业环境的不安全因素和管理缺陷进行相应的安全控制。

项目安全控制遵循下列程序：

（1）确定施工安全目标。

（2）编制项目安全保证计划。

（3）项目安全计划实施。

（4）项目安全保证计划验证。

（5）持续改进。

（6）兑现合同承诺。

4. 成本控制

工程成本是工程价值的一部分。建筑安装工程的价值是由已消耗生产资料的价值（原材料费、燃料费、动力费、设备折旧费等）、劳动者必要劳动所创造的价值（工资等）和劳动者剩余劳动所创造的价值（税收、利润等）三部分组成。其中前两部分构成建筑安装工程的成本。

项目成本控制包括成本预测、计划、实施、核算、分析、考核、整理成本资料与编制成本报告。项目经理部对施工过程发生的、在项目经理部管理职责权限内能控制的各种消耗和费用进行成本控制，项目经理部承担的成本责任与风险在“项目管理目标责任书”中有明确规定。企业建立和完善项目管理层作为成本控制中心的功能和机制，并为项目成本控制创造优化配置生产要素，实施动态管理的环境和条件。

建立以项目经理为中心的成本控制体系，按内部各岗位和作业层进行成本目标分解，明确各管理人员和作业层的成本责任、权限及相互关系。

成本控制应按下列程序进行：

（1）企业进行项目成本预测。

（2）项目经理部编制成本计划。

（3）项目经理部实施成本计划。

（4）项目经理部进行成本核算。

（5）项目经理部进行成本分析并编制月度及项目的成本报表，按规定存档。

1）成本计划。编制成本计划是进行成本控制的前提，没有成本计划，就不可能有效地控制成本，也无法进行成本分析工作。

要编好成本计划，首先应以先进合理的技术经济定额为基础，以施工进度计划、材料供应计划、劳动工资计划和技术组织措施计划等为依据，使成本计划达到先进合理，并能综合反映上述计划预期的经济效果。编制成本计划，还要从降低工程成本的角度，对各方面提出增产节约的要求。同时要严格遵守成本开支范围，注意成本计划与成本核算的一致性，从而正确考核和分析成本计划的完成情况。

2）成本计划实施控制。工程成本控制，是在施工过程中按照一定的控制标准，对实际成本支出进行管理和监督，并及时采取有效措施消除不正常消耗，纠正脱离标准的偏差，使各种费用的实际支出控制在预定的标准范围之内，从而保证成本计划的完成和目标成本的实现。

成本控制按工程成本发生的时间顺序，可划分为事前控制、过程控制和事后控制 3 个阶段。

成本的事前控制是指在施工前对影响成本的有关因素进行事前的规划，是成本形成前的成本控制。

成本的过程控制是指在施工过程中，对成本的形成和偏离成本目标的差异进行日常控制。

成本的事后控制是成本形成后的控制，是指在施工全部或部分结束后，对成本计划的执行情况加以总结，对成本控制情况进行综合分析和考核，以便采取措施改进成本控制工作。

3）成本分析。成本分析的基本任务是通过成本核算、报表及其他有关资料，全面了解和掌握成本的变动情况及其变化规律，系统研究影响成本升降的各种因素及其形成的原因，借以揭示经营中的主要矛盾，挖掘和动员企业的潜力，并提出降低成本的具体措施。

### 5.3.4 施工现场管理

应认真搞好施工现场管理，做到文明施工、安全有序、整洁卫生、不扰民、不损害公众利益。承包人项目经理部负责施工现场场容文明形象管理的总体策划和部署，各分包人在承包人项目经理部的指导和协调下，按照分区划块原则，搞好分包人施工用地区域的场容文明形象管理规划，严格执行，并纳入承包人的现场管理范畴，接受监督、管理与协调。施工现场场容规范化建立在施工平面图设计的科学合理化和物料器具定位管理标准化的基础上。根据承包人企业的管理水平，建立和健全施工平面图管理和现场物料器具管理标准，为项目经理部提供场容管理策划的依据。由项目经理部结合施工条件，按照施工方案和施工进度计划的要求，认真进行施工平面图的规划、设计、布置、使用和管理。

项目经理部应根据《环境管理系列标准》（GB/T 24000—ISO 14000）建立项目环境监控体系，不断反馈监控信息，采取整改措施。

### 5.3.5 施工项目合同管理与信息管理

1. 合同管理

施工项目的合同管理包括施工合同的订立、履行、变更、终止和解决争议。

发包人和承包人是施工合同的主体，其法律行为应由法定代表人行使。项目经理按照承包人订立的施工合同认真履行所承接的任务，依照施工合同的约定，行使权利，履行义务。项目合同管理包括相关的分包合同、买卖合同、租赁合同、借款合同等的管理。施工合同和分包合同必须以书面形式订立。施工过程中的各种原因造成的洽商变更内容，以书面形式签认，并作为合同的组成部分。订立施工合同的谈判，应根据招标文件的要求，结合合同实施中可能发生的各种情况进行周密、充分的准备，按照缔约过失责任原则，保护企业的合法权益。

订立施工合同应符合下列程序：

（1）接受中标通知函。

（2）组成包括项目经理的谈判小组。

（3）草拟合同专用条件。

（4）谈判。

（5）参照发包人拟定的合同条件或施工合同示范文本与发包人订立施工合同。

（6）合同双方在合同管理部门备案并缴纳印花税。

2. 信息管理

项目信息管理旨在适应项目管理的需要，为预测未来和正确决策提供依据，提高管理水平。项目经理部应建立项目信息管理系统，优化信息结构，实现项目管理信息化。项目信息包括项目经理部在项目管理过程中形成的各种数据、表格、图纸、文字、音像资料等。项目经理部应负责收集、整理、管理本项目范围内的信息。项目信息收集应随工程的进展进行，保证真实、准确。

项目经理部应收集并整理下列信息：

（1）法律、法规与部门规章信息、市场信息、自然条件信息。

（2）工程概况信息，包括工程实体概况、场地与环境概况、参与建设的各单位概况、施工合同、工程造价计算书。

（3）施工信息，包括施工记录信息、施工技术资料信息。

（4）项目管理信息。

项目信息管理系统应方便项目信息输入、整理与存储，有利于用户提取信息，能及时调整数据、表格与文档，能灵活补充、修改与删除数据。

### 5.3.6　施工项目组织协调

组织协调旨在排除障碍，解决矛盾，保证项目目标的顺利实现。分内部关系的协调、近外层关系的协调和远外层关系的协调。

组织协调包括人际关系、组织机构关系、供求关系、协作配合关系。根据在施工项目运行的不同阶段中出现的主要矛盾对组织协调的内容做动态调整。

## 本章练习题

1. 建设项目形成的约束条件是什么？
2. 什么是施工项目？
3. 按照建设项目分解管理的需要，可将建设项目如何分类？
4. 一般大、中型及限额以上工程项目的建设程序可以分为哪几个阶段？
5. 项目建议书应包括哪些内容？
6. 一般通过哪几个方面对建设项目进行后评价？

第6章

# 建筑工程施工准备的质量控制

## 6.1 施工质量控制目标的主要内容

施工质量控制的总体目标是贯彻执行建设工程质量法规和强制性标准，正确配置施工生产要素和采用科学管理的方法，实现工程项目预期的使用功能和质量标准。这是建设工程参与各方的共同责任。

### 6.1.1 建设单位的质量控制目标

通过施工全过程的全面质量监督管理、协调和决策，保证竣工项目达到投资决策所确定的质量标准。

### 6.1.2 设计单位在施工阶段的质量控制目标

通过对施工质量的验收签证、设计变更控制及纠正施工中所发现的设计问题，采纳变更设计的合理化建议等，保证竣工项目的各项施工结果与设计文件（包括变更文件）所规定的标准相一致。

### 6.1.3 施工单位的质量控制目标

通过施工全过程的全面质量自控，保证交付满足施工合同及设计文件所规定的质量标准（含工程质量创优要求）的建设工程产品。

### 6.1.4 监理单位在施工阶段的质量控制目标

通过审核施工质量文件、报告报表及现场旁站检查、平行检测、施工指令和结算支付控制手段的应用，监控施工承包单位的质量活动行为，协调施工关系，正确履行工程质量的监督责任，以保证工程质量达到施工合同和设计文件所规定的质量标准。

## 6.2 施工准备的质量控制

### 6.2.1 施工准备的范围

（1）全场性施工准备，是以整个项目施工现场为对象而进行的各项施工准备。

（2）单位过程施工准备，是以一个建筑物或构建物为对象而进行的施工准备。

（3）分项（部）过程施工准备，是以单位工程中的一个分项（部）工程或冬、雨期施工

为对象而进行的施工准备。

(4) 项目开工前的施工准备，是在拟建项目正式开工前所进行的一切施工准备。

(5) 项目开工后的施工准备，是在拟建项目开工后，每个施工阶段正式开工前所进行的施工准备，如混合结构住宅施工，通常分为基础工程、主体工程和装饰工程等施工阶段，每个阶段的施工内容不同，其所需的物质技术条件、组织要求和现场布置也不同，因此，必须做好相应的施工准备。

### 6.2.2　施工准备的内容

(1) 技术准备，包括：项目扩大初步设计方案的审查，熟悉和审查项目的施工图纸，项目建设地点的自然条件、技术经济条件调查分析，编制项目施工图预算和施工预算，编制项目施工组织设计等。

(2) 物质准备，包括：建筑材料准备、构配件和制品加工准备、施工机具准备、生产工艺设备的准备等。

(3) 组织准备，包括：建立项目组织机构、集结施工队伍、对施工队伍进行入场教育等。

(4) 施工现场准备，包括：控制网、水准点、标桩的测量，“五通一平”，生产、生活临时设施等的准备，组织机具、材料进场，拟定有关试验、试制和技术进步项目计划，编制季节性施工措施，制定施工现场管理制度等。

## 6.3　施工生产要素的质量控制

影响建筑工程质量的因素主要有人、材料、机械、方法和环境等五大方面，简称人、料、机、法、环。因此，对这五方面的因素严格予以控制是保证工程质量的关键。

### 6.3.1　人的控制

人是生产过程的活动主体，其总体素质和个体能力，将决定着一切质量活动的成果，因此，既要把人作为质量控制对象，又要作为其他质量活动的控制动力。

人的控制内容包括：组织机构的整体素质和每一个体的知识、能力、生理条件、心理状态、质量意识、行为表现、组织纪律、职业道德等。做到合理用人，发挥团队精神，调动人的积极性。

施工现场对人的控制，主要措施和途径是：

(1) 以项目经理的管理目标和职责为中心，合理组建项目管理机构，贯彻因事设岗，配备合适的管理人员。

(2) 严格实行分包单位的资质审查，控制分包单位的整体素质，包括技术素质、管理素质、服务态度和社会信誉等。严禁分包工程或作业的转包，以防资质失控。

(3) 坚持作业人员持证上岗，特别是重要技术工种、特殊工种、高空作业等，做到有资质者上岗。

(4) 加强对现场管理和作业人员的质量意识教育及技术培训，开展作业质量保证的研讨交流活动等。

(5) 严格现场管理制度和生产纪律，规范人的作业技术和管理活动的行为。

(6) 加强激励和沟通活动，调动人的积极性。

### 6.3.2 材料、设备的控制

1. 材料的控制

材料（包括原材料、成品、半成品、构配件）是工程施工的物质条件，材料质量是保证工程施工质量的必要条件之一，实施材料的质量控制应抓好以下环节：

(1) 材料采购。承包商采购的材料都应根据工程特点、施工合同、材料的适用范围和施工要求、材料的性能价格等因素综合考虑。采购材料应根据施工进度提前安排，项目经理部或企业应建立常用材料的供应商信息库并及时追踪市场。必要时，应让材料供应商呈送材料样品或对其实地考察，应注意材料采购合同中质量条款的严格说明。

(2) 材料检验。材料质量检验的目的是事先通过一系列的检测手段，将所取得的材料数据与其质量标准相比较，借以判断材料质量的可靠性，能否用于工程。业主供应的材料同样应进行质量检验，检验方法有书面检验、外观检验、理化检验和无损检验四种，根据材料信息的保证资料的具体情况，其质量检验程序分免检、抽检和全部检查三种。抽样理化检验是建筑材料常见的质量检验方式，应按照国家有关规定的取样方法及试验项目进行检验，并对其质量做出评定。

(3) 材料的仓储和使用。运至现场或在现场生产加工的材料经过检验后应重视对其仓储和使用管理，避免因材料变质或误用造成质量问题，如水泥的受潮结块、钢筋的锈蚀、不同直径钢筋的混用等。因此，一方面，承包商应合理调度，避免现场材料大量积压，另一方面坚持对材料应按不同类别排放、挂牌标志，并在使用材料时现场检查督导。

2. 建筑设备的控制

建筑设备应从设备选择采购、设备运输、设备检查、设备安装和设备调试方面考虑。

(1) 设备选择采购。除参考前面材料采购外，尚应指派相关专业人员专门负责，大型设备如无定型产品，还需联系厂家定制。有的设备还需相应政府部门审批。在有设备供应分包商时，应特别注意设备供应分包合同的管理。

(2) 设备运输。设备生产厂家距工程项目施工地点可能很远，甚至从国外进口，为此，应对运输过程中的设备保护特别重视，并通过运输投保转移风险。当然，如果设备供应分包负责运至工地，总承包商就不存在上面的问题了。

(3) 设备检查验收。承包商对运至现场的设备应会同有关人员开箱检查，主要检查设备外观、部件、配件数量、书面资料等是否合格齐全，同时注意开箱时避免破坏设备。

(4) 设备安装。设备安装应符合有关技术要求和质量标准。由于设备安装通常以土建工作为先导，并时有交叉作业，因此应特别注意两者的交叉作业。设备安装通常进行专业分包，所以选择合适的分包单位和对之有效的管理就显得非常重要。

(5) 设备调试。设备调试是设备正常运转并保证其质量的必经环节，应按照要求和一定步骤顺序进行，对调试结果分析，以判断前续工作效果。

### 6.3.3 施工机械设备的控制

施工机械设备是现代建筑施工必不可少的设施，是反映一个施工企业力量强弱的重要方

面，对工程项目的施工进度和质量有直接影响。说到底对其质量控制就是使施工机械设备的类型、性能参数与施工现场条件、施工工艺等因素相匹配。

（1）承包商应按照技术先进、经济合理、生产适用、性能可靠、使用安全的原则选择施工机械设备，使其具有特定工程的适用性和可靠性。如预应力张拉设备，根据锚具的型式，从适用性出发，对于拉杆式千斤顶，只适用于张拉单根粗钢筋的螺丝端杆锚具、张拉钢丝束的锥形螺杆锚具或 DM5A 型墩头锚具。

（2）应从施工需要和保证质量的要求出发，正确确定相应类型的性能参数，如千斤顶的张拉力，必须大于张拉程序中所需的最大张拉值。

（3）在施工过程中，应定期对施工机械设备进行校正，以免误导操作，如锥螺纹接头的力矩扳手就应经常校验，保证接头质量的可靠。另外，选择机械设备必须有与之相配套的操作工人相适应。

### 6.3.4　施工方法的控制

施工方法集中反映在承包商为工程施工所采取的技术方案、工艺流程、检测手段、施工程序安排等，对施工方法的控制，着重抓好以下几个关键：

（1）施工方案应随工程进展而不断细化和深化。

（2）选择施工方案时，对主要项目要拟定几个可行的方案，突出主要矛盾，摆出其主要优劣点，以便反复讨论与比较，选出最佳方案。

（3）对主要项目、关键部位和难度较大的项目，如新结构、新材料、新工艺、大跨度、大悬臂、高大的结构部位等，制订方案时要充分估计到可能发生的施工质量问题和处理方法。

### 6.3.5　环境的控制

创造良好的施工环境，对于保证工程质量和施工安全，实现文明施工，树立施工企业的社会形象，都有很重要的作用。施工环境控制，既包括对自然环境特点和规律的了解、限制、改造及利用问题，又包括对管理环境及劳动作业环境的创设活动。

（1）自然环境的控制。主要是掌握施工现场水文、地质和气象资料信息，以便在制订施工方案、施工计划和措施时，能够从自然环境的特点和规律出发，建立地基和基础施工对策，防止地下水、地面水对施工的影响，保证周围建筑物及地下管线的安全，从实际条件出发做好冬雨期施工项目的安排和防范措施，加强环境保护和建设公害的治理。

（2）管理环境控制。主要是根据承发包的合同结构，理顺各参建施工单位之间的管理关系，建立现场施工组织系统和质量管理的综合运行机制。确保施工程序的安排以及施工质量形成过程能够起到相互促进、相互制约、协调运转的作用。此外，在管理环境的创设方面，还应注意与现场近邻的单位、居民及有关方面的协调、沟通，做好公共关系，以取得他们对施工造成的干扰和不便给予必要的谅解和支持配合。

（3）劳动作业环境。控制首先是做好施工平面图的合理规划和管理，规范施工现场的机械设备、材料构件、道路管线和各种大临设施的布置。其次是落实现场安全的各种防护措施，做好明显标识，注意确保施工道路畅通，安排好特殊环境下施工作业的通风照明措施。第三，加强施工作业场所的落手清工作，每天下班前应留出 5 分钟进行场所清理收拾。

## 6.4 见证取样送检制度

见证取样和送检是指在建设单位或工程监理单位人员的见证下，由施工单位的现场试验人员对工程中涉及结构安全的试块、试件和材料在现场取样，并送至经过省级以上建设行政主管部门对其资质认可和质量技术监督部门对其计量认证的质量检测单位进行检测。

为确保工程质量，建设部规定，在市政工程及房屋建筑工程项目中，对工程材料、承重结构的混凝土试块、承重墙体的砂浆试块、结构工程的受力钢筋（包括接头）实行见证取样。

### 6.4.1 见证取样的工作程序

(1) 工程项目施工开始前，项目监理机构要督促承包单位尽快落实见证取样的送检试验室。对于承包单位提出的试验室，监理工程师要进行实地考查。试验室一般是和承包单位没有行政隶属关系的第三方。试验室要具有相应的资质，经国家或地方计量、试验主管部门认证。试验项目满足工程需要，试验室出具的报告对外具有法定效力。

(2) 项目监理机构要将选定的试验室报送负责本项目的质量监督机构备案并得到认可，同时要将项目监理机构中负责见证取样的监理工程师在该质量监督机构备案。

(3) 承包单位在对进场材料、试块、试件、钢筋接头等实施见证取样前要通知负责见证取样的监理工程师，在该监理工程师现场监督下，承包单位按相关规范的要求，完成材料、试块、试件等的取样过程。

(4) 完成取样后，承包单位将送检样品装入木箱，由监理工程师加封，不能装入箱中的试件，如钢筋样品、钢筋接头，则贴上专用加封标志，然后送往试验室。

### 6.4.2 见证取样的要求

(1) 试验室要具有相应的资质并进行备案、认可。

(2) 负责见证取样的监理工程师要具有材料试验等方面的专业知识，且要取得从事监理工作的上岗资格。

(3) 承包单位从事取样的人员一般应是试验室人员或专职质检人员担任。

(4) 送往试验室的样品，要填写“送检单”，送检单要盖有“见证取样”专用章，并由见证取样监理工程师的签字。

(5) 试验室出具的报告一式两份，分别由承包单位和项目监理机构保存，并作为归档材料，这是工序产品质量评定的重要依据。

(6) 见证取样的频率，国家或地方主管部门有规定的，执行相关规定。施工承包合同中如有明确规定的，执行施工承包合同的规定。涉及结构安全的试块、试件、材料，见证取样和送检的比例不得低于有关技术标准中规定应取样数量的30%。

下列试块、试件和材料必须实施见证取样和送检。

1) 用于承重结构的混凝土试块。

2) 用于承重墙体的砌筑砂浆试块。

3) 用于承重结构的钢筋及连接接头试件。

4）用于承重墙的砖和混凝土小型砌块。

5）用于拌制混凝土和砌筑砂浆的水泥。

6）用于承重结构的混凝土中使用的掺加剂。

7）地下、屋面、厕浴间使用的防水材料。

8）国家规定必须实行见证取样和送检的其他试块、试件和材料。

（7）见证取样的试验费用由承包单位支付。

（8）实行见证取样，不能代替承包单位应对材料、构配件进场时必须进行的自检。自检频率和数量要按相关规范要求执行。

## 本章练习题

1. 施工质量控制目标的主要内容有哪些？

2. 见证取样的工作程序是什么？

3. 施工生产要素的质量控制有哪几方面？

第7章

# 建筑工程材料的质量管理

## 7.1 建筑结构材料的质量管理

### 7.1.1 建筑结构材料质量管理总体要求

建筑结构工程原材料、构配件主要有钢材、水泥、砂、石、砖、商品混凝土和混凝土构件等，它直接决定着建筑结构的安全，因此，建筑结构材料的规格、品种、型号和质量等，必须满足设计和有关规范、标准的要求。

### 7.1.2 建筑材料质量控制内容

（1）材料的质量标准。
（2）材料的性能。
（3）材料的取样、检验试验方法。
（4）材料的适用范围。
（5）材料的施工要求。
（6）其他。

### 7.1.3 建筑材料质量的控制方法

（1）严格检查验收。
（2）正确合理使用。
（3）建立管理台账。
（4）进行收、发、储、运等环节的技术管理。
（5）避免混料和将不合格的原材料使用到工程上。

### 7.1.4 进场材料质量控制要点

（1）掌握材料信息，优选择供货厂家。
（2）合理组织材料供应，确保施工正常进行。
（3）合理组织材料使用，减少材料浪费。
（4）加强材料检查验收，严把材料质量关。
（5）重视材料的使用认证，以防错用或使用不合格的材料。
（6）加强现场材料管理。

### 7.1.5　建筑结构材料质量管理的基本要求

（1）材料进场时，应提供材质证明，并根据供料计划和有关标准进行现场质量验证和记录。质量验证包括材料品种、型号、规格、数量、外观检查和见证取样，进行物理、化学性能试验。验证结果报监理工程师审批。

（2）现场验证不合格的材料不得使用或按有关标准规定降级处理。

（3）对于项目采购的物资，业主的验证不能代替项目对采购物资的质量责任，而业主采购的物资，项目的验证不能取代业主对其采购物资的质量责任。

（4）物资进场验证不齐或对其质量有怀疑时，要单独堆放该部分物资，待资料齐全和复验合格后，方可使用。

（5）严禁以劣充好，偷工减料。

（6）严格按施工组织平面布置图进行现场堆料，不得乱堆乱放。检验与未检验物资应标明分开码放，防止非预期使用。

（7）应做好各类物资的保管、保养工作，定期检查，做好记录，确保其质量完好。

## 7.2　钢材和水泥等主要材料的质量管理要求

### 7.2.1　钢材的质量管理要求

（1）必须是由有国家批准的生产厂家生产，具有资质证明。

（2）每批供应的钢材必须具有出厂合格证。合格证上内容应齐全清楚，具有材料名称、品种、规格、型号、出厂日期、批量、炉号、每个炉号的生产量、供应数量、主要化学成分和物理机械性能等，并加盖生产厂家公章。

（3）凡是进口的钢材必须有商检报告。

（4）进入施工现场的每一批钢材，应在建设单位代表或监理工程师的见证下，按每一批量不超过 60t 进行见证取样，封样送检复试，检测钢材的物理机械性能（有时还需做化学性能分析）是否满足标准要求。进口的钢材还必须做化学成分分析检测，合格后方可使用。

（5）进入施工现场每一批钢材，应标识品种、规格、数量、生产厂家、检验状态和使用部位，并码放整齐。

### 7.2.2　水泥的质量管理要求

（1）水泥必须是由国家批准的生产厂家供货，并具有资质证明。

（2）每批供应的水泥必须具有出厂合格证。合格证上内容应齐全清楚，具有材料名称、品种、规格、型号、出厂日期、批量、主要化学成分和强度值，并加盖生产厂家公章。合格证分为 3d 和 28d 强度报告。

（3）凡是进口的水泥必须有商检报告。

（4）进入施工现场的每一批水泥，应在建设单位代表或监理工程师的见证下，按袋装水泥每一批量不超过 200t（散装水泥每一批量不超过 500t）进行见证取样，封样送检复试。主要是检测水泥安定性、强度和凝结时间等是否满足规范规定。进口的水泥还需做化学成分分析检测，合格后方可使用。

（5）进入施工现场的每一批水泥，应标识品种、规格、数量、生产厂家和日期，检验状态和使用部位，并码放整齐。

## 7.3 建筑装饰装修材料的质量管理

建筑装饰装修材料主要包括：抹灰材料、地面材料、门窗材料、吊顶材料、轻质隔墙材料、饰面板（砖）、涂料、裱糊与软包材料和细部工程材料等。

建筑工程专业建造师应根据装饰装修材料对工程项目实施过程、产品质量、环境和职业健康安全的影响程度，控制装饰装修材料供方选择、采购过程及其有关的采购信息、进场检验、保管、使用等环节，确保采购的材料质量符合规定要求。

### 7.3.1 选择合格供方

（1）建筑装饰装修材料采购部门应根据供方评价准则，组织调查、评价、选择供方和重新评价合格供方，建立合格供方档案，并适时评价材料质量及其供应情况。

（2）在制定选举、调查和评价材料供方的准则时，应考虑以下内容（但不限于）：

1）法律法规规定的资质，包括质量、环境和职业健康安全管理情况（如是否通过体系认证等）。

2）与其他企业合作的业绩及信誉。

3）产品质量、环保性、安全性等情况（如涉及人身安全的产品是否通过相关认证）。

4）供应能力及价格、交货、后续服务情况。

5）其他针对项目特点的服务要求能否满足，及与履约有关的其他内容。

6）所选的重要材料应经建设单位、监理单位认可。

### 7.3.2 控制采购过程

1. 选择装饰材料的基本要求

（1）选择的装饰材料应符合现行国家法律、法规、规范的要求。

（2）选择的装饰材料应符合设计的要求，同时应符合经业主批准的材料样板的要求。

（3）应根据材料的特性、使用部位来进行选择。选用装饰材料时，应考虑材料所具有某些基本性质，如一定的强度、耐水性、抗火性、耐侵蚀性、防滑性等。外墙的装饰材料更要选用能耐大气侵蚀、不易褪色、不易沾污、不产生霜花的材料。

（4）材料的选择应充分考虑颜色、光泽、透明性、表面组织、形状和尺寸、立体造型等。

2. 采购信息

建筑装饰装修材料的采购应编制采购计划（采购清单），与供方签订采购合同，并在这些文件中规定明确的材料采购信息。与材料采购有关的信息包括：

（1）产品的规格、型号。

（2）材料的技术要求以及应达到的性能指标。

（3）执行的法律法规以及采用的技术规范、规程。

（4）材料验收标准。

（5）验收方式。

（6）运输、防护、贮存、交付的条件等。

3. 材料采购合同

材料采购合同应根据上述要求，明确对材料供方及采购产品的要求。实务中建筑工程专业建造师应通过审批采购计划（采购清单）、评审采购合同，实现材料采购信息控制。采购合同评审内容通常包括：

（1）采购的类型、方式、程序、交货或到货地点、产品验收标准以及其他必要内容。产品验收标准应综合考虑安全、环境方面的要求，从源头上尽量减少或消除职业健康安全风险和环境影响。

（2）运输、储存。建筑装饰装修工程所使用的材料在运输、储存和施工过程中，必须采取有效措施防止损坏、变质和污染环境。

### 7.3.3　严格进场检验

（1）所有材料进场时应对品种、规格、外观和尺寸进行验收。材料应完好，应有：

1）产品合格证书。

2）中文说明书及相关性能的检测报告等质量证明文件。

3）进口产品应按规定进行商品检验。

4）质量证明文件应与进场材料相符。质量证明文件应为原件，若为复印件时，复印件应与原件内容一致，加盖原件存放单位公章，注明原件存放处，并有经办人签字，注明经办时间。

（2）建筑工程专业建造师应规定各类材料进行验收的职责权限，组织制定材料检验计划，明确检验方法。材料验收应在满足采购要求的前提下，根据采购产品的特性、重要程度、验收条件等采用适宜的方法进行检验。装饰装修材料常用的检验方法包括：

1）书面检验：验证产品质量证明文件。

2）外观检查：对品种、规格、标志、外形尺寸等进行直观检查，包括设备开箱验收。

3）取样复验：即借助试验设备和仪器对材料样品的化学成分、机械性能等进行科学的理化检验，包括利用超声波、X 射线、表面探伤仪等所进行的无损检验。

（3）材料的复试。

1）要求复验的主要项目：

①水泥的凝结时间、安定性和抗压强度。

②人造木板的游离甲醛含量或游离甲醛释放量。

③室内天然花岗石石材或瓷质砖的放射性，外墙陶瓷面砖的吸水率。

2）材料的取样。

为了达到控制质量的目的，在抽取样品时应首先选取有疑问的样品，也可以由承发包双方商定增加抽样数量。通常建筑装饰装修材料复验的取样原则是：

①同一厂家生产的同一品种、同一类型的进场材料应至少抽取一组样品进行复验，当合同另有约定时应按合同执行。

②按规定允许进行重新加倍取样复试的材料，两次试验报告要同时保留。

③当国家规定或合同约定应对材料进行见证检测时或对材料的质量发生争议时，应进行见证检测。见证取样和送检的比例不得低于有关技术标准中规定应取样数量的30%。

### 7.3.4 材料保管

（1）入库材料要分型号、品种、分区堆放、进行标识、分别编号。

（2）对易燃易爆的物资，要进行标识，特定场所存放，专人负责，并有相应防护措施和应急措施。

（3）对有防潮、防湿要求的材料，要有防潮、防湿措施，并要有标识。

（4）对有保持期的材料要定期检查，防止过期，并做好标识。

（5）对易坏的材料、设备，要保护好外包装，防止损坏。

## 本 章 练 习 题

1. 建筑材料质量控制内容有哪些?
2. 建筑结构材料质量管理的基本要求有哪些?
3. 钢材的质量管理要求有哪些?
4. 建筑装饰装修材料的质量管理有哪些程序?

第8章

# 建筑工程施工过程质量控制

## 8.1 施工工序的质量控制

工序质量是指施工中人、材料、机械、工艺方法和环境等对产品综合起作用的过程的质量，又称过程质量，它体现为产品质量。

好的产品或工程质量是通过一道一道工序逐渐形成的，要确保工程项目施工质量，就必须对每道工序的质量进行控制，这是施工过程中质量控制的重点。

工序质量控制就是对工序活动条件（即工序活动投入的质量）和工序活动效果的质量（即分项工程质量）的控制。在进行工序质量控制时要着重于以下几方面的工作：

### 8.1.1 确定工序质量控制工作计划

一方面要求对不同的工序活动制定专门的保证质量的技术措施，做出物料投入及活动顺序的专门规定，另一方面须规定质量控制工作流程、质量检验制度等。

### 8.1.2 主动控制工序活动条件的质量

工序活动条件主要指影响质量的五大因素，即人、材料、机械设备、方法和环境等（如施工生产要素质量控制）。

### 8.1.3 及时检验工序活动效果的质量

主要是实行班组自检、互检、上下道工序交接检，特别是对隐蔽工程和分项（部）工程的质量检验。

### 8.1.4 设置工序质量控制点（工序管理点），实行重点控制

工序质量控制点是针对影响质量的关键部位或薄弱环节而确定的重点控制对象。正确设置控制点并严格实施是进行工序质量控制的重点。

## 8.2 工程变更的处理

施工过程中，由于前期勘察设计的原因，或由于外界自然条件的变化，未探明的地下障碍物、管线、文物、地质条件不符等，以及施工工艺方面的限制、建设单位要求的改变，均会涉及工程变更。做好工程变更的控制工作，也是施工过程质量控制的一项重要内容。

工程变更的要求可能来自建设单位、设计单位或施工承包单位。为确保工程质量，不同

情况下工程变更的实施、设计图纸的澄清、修改，具有不同的工作程序。

### 8.2.1 施工承包单位要求变更的处理

在施工过程中承包单位提出的工程变更要求可能是：一要求作某些技术修改，二要求作设计变更。

（1）对技术修改要求的处理是指承包单位根据施工现场具体条件和自身的技术、经验和施工设备等条件，在不改变原设计图纸和技术文件的原则前提下，提出的对设计图纸和技术文件的某些技术上的修改要求。

承包单位提出技术修改的要求时，应向项目监理机构提交“工程变更单”，在该表中应说明要求修改的内容及原因或理由，并附图和有关文件。

技术修改问题一般可以由专业监理工程师所在承包单位和现场设计代表参加，经各方同意后签字并形成纪要，作为工程变更单附件，经总监批准后实施。

（2）对设计变更的要求的处理是指施工期间对于设计单位在设计图纸和设计文件中所表达的设计标准状态的改变和修改。

首先，承包单位应就要求变更的问题填写“工程变更单”，送交项目监理机构。总监理工程师根据承包单位的申请，经与设计、建设、承包单位研究并作出变更的决定后，签发“工程变更单”，并应附有设计单位提出的变更设计图纸。承包单位签收后按变更后的图纸施工。

总监理工程师在签发“工程变更单”之前，应就工程变更引起的工期改变及费用的增减，分别与建设单位和承包单位进行协商，力求达成双方均能同意的结果。

这种变更，一般均会涉及设计单位重新出图的问题。

如果变更涉及结构主体及安全，该工程变更还要按有关规定报送施工图原审查单位进行审批，否则变更不能实施。

### 8.2.2 设计单位提出变更的处理

（1）设计单位首先将“设计变更通知单”及有关附件报送建设单位。

（2）建设单位会同监理、施工承包单位对设计单位提交的“设计变更通知”进行研究，必要时设计单位尚需提供进一步的资料，以便对变更作出决定。

（3）总监理工程师签发“工程变更单”，并将设计单位发出的“设计变更通知”作为该“工程变更单”的附件，施工承包单位按新的变更图施工。

### 8.2.3 建设单位（监理工程师）要求变更的处理

（1）建设单位（监理工程师）将变更的要求通知设计单位，如果在要求中包括由相应的方案或建议，则应一并报送设计单位；否则，变更要求由设计单位研究解决。在提供审查的变更要求中，应列出所有受该变更要求的图纸、文件清单。

（2）设计单位对“工程变更单”进行研究。如果在“变更要求”中附有建议或解决方案时，设计单位应对建议或解决方案的所有技术方面进行审查，并确定它们是否符合设计要求和实际情况，然后书面通知建设单位，说明设计单位对该解决方案的意见，并将与该修改变更有关的图纸、文件清单返回给建设单位，说明自己的意见。

如果该“工程变更单”未附有建议的解决方案，则设计单位应对该要求进行详细的研究，并准备出自己对该变更的建议方案，提交建设单位。

(3) 根据建设单位的授权，监理工程师研究设计单位所提交的建议设计变更方案或其对变更要求所附方案的意见，必要时会同有关的承包单位和设计单位一起进行研究，也可进一步提供资料，以便对变更做出决定。

(4) 建设单位做出变更的决定后由总监理工程师签发《工程变更单》，指示承包单位按变更的决定组织施工。

需注意的是在工程施工过程中，无论是建设单位还是施工单位或设计单位提出的工程变更或图纸修改，都应通过监理工程师审查并经有关方面研究，确认其必要性后，由总监理工程师发布变更指令方能予以实施。

## 8.3　隐蔽工程验收

隐蔽工程验收记录是建筑行业的术语，具体是指隐蔽工程完工后建设方开具给承包方的工程量证明，承包方根据隐蔽工程验收记录来做决算。

隐蔽工程是指地基、电气管线、供水供热管线等需要覆盖、掩盖的工程。由于隐蔽工程在隐蔽后，如果发生质量问题，还得重新覆盖和掩盖，会造成返工等非常大的损失。

### 8.3.1　隐蔽工程验收工作程序

(1) 为了避免资源的浪费和当事人双方的损失，保证工程的质量和工程顺利完成，承包人在隐蔽工程隐蔽以前，应当通知发包人检查，发包人检查合格的，方可进行隐蔽工程。实践中，当工程具备覆盖、掩盖条件的，承包人应当先进行自检，自检合格后，在隐蔽工程进行隐蔽前及时通知发包人或发包人派驻的工地代表，对隐蔽工程的条件进行检查并参加隐蔽工程的作业。通知包括承包人的自检记录、隐蔽的内容、检查时间和地点。

(2) 发包人或其派驻的工地代表接到通知后，应当在要求的时间内到达隐蔽现场，对隐蔽工程的条件进行检查，检查合格的，发包人或其派驻的工地代表在检查记录上签字，承包人检查合格后方可进行隐蔽施工。发包人检查发现隐蔽工程条件不合格的，有权要求承包人在一定期限内完善工程条件。隐蔽工程条件符合规范要求，发包人检查合格后，发包人或其派驻工地代表在检查后拒绝在检查记录上签字的，在实践中可视为发包人已经批准，承包人可以进行隐蔽工程施工。

发包人在接到通知后，没有按期对隐蔽工程条件进行检查的，承包人应当催告发包人在合理期限内进行检查。因为发包人不进行检查，承包人就无法进行隐蔽施工，所以承包人通知发包人检查而发包人未能及时进行检查的，承包人有权暂停施工。承包人可以顺延工期，并要求发包人赔偿因此造成的停工、窝工、材料和构件积压等损失。

如果承包人未通知发包人检查而自行进行隐蔽工程的，事后发包人有权要求对已隐蔽的工程进行检查，承包人应当按照要求进行剥露，并在检查后重新隐蔽或者修复后隐蔽。如果经检查隐蔽工程不符合要求的，承包人应当返工，重新进行隐蔽。在这种情况下检查隐蔽工程所发生的费用如检查费用、返工费用、材料费用等由承包人负担，承包人还应承担工期延误的违约责任。

### 8.3.2　结构工程隐蔽验收的项目

结构工程隐蔽验收的项目主要有如下内容：

(1) 土方工程中主要有：地基处理时的换土、洞穴、地下水排除，标高、槽宽、放坡、排水盲沟的设置，填方土料的土质，回填土分层厚度、夯实方法、干土质量密度，土样取样的分布和试样的数量。

(2) 桩基工程中主要有：自然地坪标高、桩位偏差、桩顶标高、贯入度、接桩与截桩、断桩、补桩，钢筋笼配筋规格、尺寸等，沉渣厚度、清孔、孔径及孔深实测尺寸。

(3) 地下防水工程中主要有：变形缝、施工缝、后浇带、穿墙套管、埋设件设置的形式和构造，人防出口止水做法，防水基层、防水材料规格、厚度、铺设方式、阴阳角处理、搭接密封处理等。

(4) 基础、主体工程中的钢筋工程的隐蔽项目主要有：绑扎钢筋的品种、规格、数量、位置、锚固和接头位置、搭接长度、保护层厚度和除锈、钢筋代用，钢筋的连接形式、连接种类、接头位置、数量及焊条、焊剂、焊缝坡口形式、焊缝长度、厚度及连接质量等。

(5) 混凝土工程主要隐蔽项目有：混凝土强度等级，钢筋级别、直径，箍筋间距，弯起筋角度、位置，几何尺寸，观感质量状况，施工缝位置，浇筑层厚度等。

(6) 预制构件安装工程的隐蔽项目有：基底或支座处理、构件间的连接、标高、间距、排距、堵孔、防腐和板缝处理。

(7) 砌体工程的隐蔽项目有：砌体变形缝，砌体中的预埋拉结筋、网片以及预埋件，芯柱、构造柱、圈梁的配筋等。

(8) 钢结构工程的隐蔽项目有：地脚螺栓规格、位置、埋设方法、紧固，箱形柱内焊缝质量等。

(9) 地面工程的隐蔽项目有：垫层、找平层、隔离层、防水层等基层材料品种、规格，铺设厚度、方式，坡度、标高、表面质量、密封处理等。

(10) 抹灰工程中的隐蔽项目主要是加强措施的加强构造做法、材料、接缝、固定等。

(11) 门窗工程中的隐蔽项目有：预埋件和锚固件、螺栓的规格数量、位置、间距、埋设方式、与框的连接方式、防腐处理、缝隙的嵌填、密封材料，塑料门窗中的加强型材。

(12) 吊顶工程中的隐蔽项目有：龙骨及吊件材质、规格、间距、连接方式，表面防火、防腐处理，填充和吸声材料的品种、规格、铺设、固定情况等。

(13) 饰面板工程的隐蔽项目有：预埋件、后置埋件、连接件规格、数量、位置、连接方式，防腐处理，有防水要求的部位做法。

(14) 幕墙工程的隐蔽项目有：连接点的安装、防腐处理、幕墙四周、幕墙与主体结构间的间隙处理、封口的安装，伸缩缝、沉降缝及饰面转角节点的安装，防雷接地节点的安装。

### 8.3.3　隐蔽工程检查验收的质量控制要点

建筑工程施工中，防止出现质量隐患。下述工程部位进行隐蔽检查时必须重点控制：

(1) 基础施工前对地基质量的检查，尤其要检测地基承载力。

(2) 基坑回填土前对基础质量的检查。

（3）混凝土浇筑前对钢筋的检查（包括模板检查）。

（4）混凝土墙体施工前，对敷设在墙内的电线管质量检查。

（5）防水层施工前对基层质量的检查。

（6）建筑幕墙施工挂板之前对龙骨系统的检查。

（7）屋面板与屋架（梁）埋件的焊接检查。

（8）避雷引下线及接地引下线的连接检查。

（9）覆盖前对直埋于楼地面的电缆的检查，封闭前对敷设于暗井道、吊顶、楼板垫层内的设备管道的检查。

（10）易出现质量通病的部位检查。

## 8.4　施工阶段质量控制的方法

### 8.4.1　审核技术报告和文件

（1）审核施工单位提出的开工报告。

（2）审核有关的技术资质证明文件。

（3）审核施工单位提交的施工组织设计、施工方案。

（4）审核施工单位提交的材料、半成品、构配件的质量检验报告，包括出场合格证、技术说明书、试验资料等质量保证资料。

（5）审核新材料、新技术、新工艺的现场试验报告。

（6）审核永久设备的技术性能和质量检验报告。

（7）审核施工单位的质量保证体系文件，包括对分包单位质量控制体系和质量控制措施的审查。

（8）审核设计变更和图纸修改及技术核定书。

（9）审核施工单位提交的反映工程质量动态的统计资料或管理图表。

（10）审核有关工程质量事故的处理方案。

（11）审核有关应用新材料、新技术、新工艺的鉴定报告。

### 8.4.2　现场质量检查的内容

（1）开工前的检查。目的是检查是否具备开工条件，开工后能否正常施工，能否保证工程质量。

（2）工序施工中的跟踪监督、检查与控制。主要监督、检查在工序施工过程中，人员、施工机械设备、材料、施工方法及工艺或操作以及是个环境条件等是否处于良好的状态，是否符合保证工程质量的要求，若发现有问题及时纠偏和加以控制。

（3）对于重要的和对工程质量有重大影响的工序（例如预应力张拉工序），还应在现场进行施工过程的旁站监督与控制，确保使用材料及工艺过程质量。

（4）工序产品的检查、工序交接检查及隐蔽工程检查。在施工单位自检与互检的基础上，隐蔽工程须经监理人员检查确认其质量后，才允许加以覆盖。

（5）复工前的检查。工程项目由于某种原因停工后，在复工前应经监理人员检查认可后，下达复工指令，方可复工。

(6) 分项、分部工程完成后，在施工单位自检合格的基础上，监理人员检查认可后，签署中间交工证书。

(7) 对于施工难度较大的工程结构或容易产生质量通病的施工对象，监理人员进行现场的跟踪检查。

(8) 成品保护质量检查。成品保护检查是指在施工过程中，某些分项工程已完工，而其他分项工程尚在施工，或分项工程尚在施工，或分项工程的一部分已完成，另一部分在继续施工，要求施工单位对已完成的成品采取妥善的措施加以保护，以免受到损伤和污染，从而影响到工程整体的质量。根据产品的特点不同，成品保护可以采用防护、包裹、封闭等方法。

(1) 防护：是对被保护的成品采取相应的防护措施，如为了保护清水楼梯踏步不被磕损，可以加护棱角铁等。

(2) 包裹：是对被保护的成品包裹起来，以防其受到损伤和污染。例如，楼梯扶手在油漆前应裹纸保护，以防污染变色。

(3) 覆盖：是对被保护的成品表面用覆盖的方法加以保护，以防堵塞或损伤。例如，地漏、落水口、排水管安装施工完成后，要加以覆盖，以防落入异物而将其堵塞。

(4) 封闭：是对被保护的成品用局部封闭的方法加以保护。例如，预制磨石楼梯、水泥磨石楼梯施工完毕后，应将楼梯口暂时封闭。

### 8.4.3 施工质量检验的主要方法

对于现场所用原材料、半成品、工序过程或工程产品质量进行检验的方法，一般可分为三类，即目测法、量测法、试验法。

(1) 目测法：即凭借感官进行检查，也可以叫作观感检验。这类方法主要是根据质量要求，采用看、摸、敲、照等手法对检查对象进行检查。

1) 看：根据质量标准要求进行外观检查。

2) 摸：通过触摸手感进行检查、鉴别。

3) 敲：运用敲击方法进行音感检查。

4) 照：通过人工光源或反射光照射，仔细检查难以看清的部位。

(2) 量测法：就是利用量测工具或计量仪表，通过实际量测结果与规定的质量标准或规范的要求相对照，从而判断质量是否符合要求。量测的手法可归纳为：靠、吊、量、套。

1) 靠：是用直角检查诸如地面、墙面的平整度等。

2) 吊：是指用托线板先坠检查垂直度。

3) 量：是指用量测工具或计量仪表等检查断面的尺寸、轴线、标高、温度、湿度等数值并确定其偏差。

4) 套：是指以方尺套方辅以塞尺，检查诸如踢角线的垂直度，预制构件的方正，门窗口及构件的对角线等。

(3) 试验法：指通过进行现场试验或实验室试验等理化试验手段，取得数据，分析判断质量情况。包括：

1) 力学性能试验。如测定抗拉强度、抗压强度、抗折强度、冲击韧性、硬度、承载

力等。

2）物理性能试验。如测定相对密度、密度、含水量、凝结时间、安定性、抗渗性、耐磨性、隔声等。

3）化学性能试验。如材料的化学成分、耐酸性、耐碱性、抗腐蚀等。

4）无损测试。探测结构物或材料、设备内部组织结构或损伤状态。如超声检测、回弹强度检测、电磁检测、放射性检测等。它们一般可以在不损伤被探测物的情况下了解被探测物的质量情况。

此外，必要时还可以在现场通过诸如对桩或地基的现场静载试验或大试桩，确定其承载力；对混凝土现场取样，通过实验室的抗压强度试验，确定混凝土的强度等级；以及通过管道压力试验判断其耐压及渗漏情况等。

## 8.5　质量控制点的设置和管理

### 8.5.1　工序质量控制点的设置原则

（1）重要的和关键性的施工环节和部位。

（2）质量不稳定、施工质量没有把握的施工工序和环节。

（3）施工技术难度大的、施工条件困难的部位或环节。

（4）质量标准或质量精度要求高的施工内容和项目。

（5）对后续施工或后续工序质量或安全有重要影响的施工工序或部位。

（6）采用新技术、新工艺、新材料施工的部位或环节。

### 8.5.2　工序质量控制点的管理

1. 质量控制措施的设计

选择了控制点，就要针对每个控制点进行控制措施设计。主要步骤和内容如下：

（1）列出质量控制点明细表。

（2）设计控制点施工流程图。

（3）进行工序分析，找出主导因素。

（4）制定工序质量控制表，对各影响质量特性的主导因素规定出明确的控制范围和控制要求。

（5）编制保证质量的作业指导书。

（6）编制计量网络图，明确标出各控制因素采用什么计量仪器、编号、精度等，以便进行精确计量。

（7）质量控制点审核。可由设计者的上一级领导进行审核。

2. 质量控制点的实施

（1）交底。将控制点的“控制措施设计”向操作班组进行认真交底，必须使工人真正了解操作要点。

（2）质量控制人员在现场进行重点指导、检查、验收。

（3）工人按作业指导书认真进行操作，保证每个环节的操作质量。

(4) 按规定做好检查并认真做好记录，取得第一手数据。

(5) 运用数据统计方法，不断进行分析与改进，直至质量控制点验收合格。

(6) 质量控制点实施中应明确工人、质量控制人员的职责。

## 8.6 施工质量控制案例

**【例 8-1】** 材料施工质量控制

(1) 背景。

某承包商承接工程位于某市，建筑层数地上 22 层，地下 2 层，基础类型为桩基筏式承台板，结构形式为现浇剪力墙，混凝土采用商品混凝土，强度等级有 C25、C30、C35、C40 级，钢筋采用 HPB235 级、HRB335 级。屋面防水采用 SBS 改性沥青防水卷材，外墙面喷涂，内墙面和顶棚刮腻子喷大白，屋面保温采用憎水珍珠岩，外墙保温采用聚苯保温板，根据要求，该工程实行工程监理。

(2) 问题。

1) 该承包商对进场材料质量控制的要点是什么?

2) 承包商对进场材料如何向监理报验?

3) 为了保证该工程质量达到设计和规范要求，承包商对进场材料应采取哪些质量控制方法?

4) 对该工程钢筋分项验收的要点有哪些?

(3) 分析与解答。

1) 进场材料质量控制要点:

①掌握材料信息，优选供货厂家。

②合理组织材料供应，确保施工正常进行。

③合理组织材料使用，减少材料损失。

④加强材料检查验收，严把材料质量关。

⑤要重视材料的使用认证，以防错用或使用不合格的材料。

⑥加强现场材料管理。

2) 进场材料报验。

施工单位运进材料前，应向项目监理机构提交“工程材料报审表”，同时附有材料出厂合格证、技术说明书、按规定要求进行送检的检验报告，经监理工程师审查并确认其质量合格后，方准进场。

3) 承包商对进场材料的质量控制方法。

主要是严格检查验收，正确合理地使用、建立管理台账，进行收、发、储、运等环节的技术管理，避免混料和将不合格的原材料使用到工程上。

4) 钢筋分项工程验收要点:

①按施工图核查纵向受力钢筋，检查钢筋品种、直径、数量、位置、间距、形状。

②检查混凝土保护层厚度，构造钢筋是否符合构造要求。

③检查钢筋锚固长度、箍筋加密区及加密间距。

④检查钢筋接头，如绑扎搭接，要检查搭接长度、接头位置和数量(错开长度、接头百

分率)；焊接接头或机械连接，要检查外观质量，取样试件力学性能试验是否达到要求，接头位置（相互错开）、数量（接头百分率）。

**【例 8-2】** 质量控制方法

（1）背景。

某施工单位承建某公寓工程施工，该工程地下 2 层，地上 9 层，基础类型为墙下钢筋混凝土条形基础，结构形式为现浇剪力墙结构，楼板采用无黏结预应力混凝土，该施工单位缺乏预应力混凝土的施工经验，对该楼板无黏结预应力施工有难度。

（2）问题。

1）为保证工程质量，施工单位应对哪些影响质量的因素进行控制？

2）什么是质量控制点？质量控制点设置的原则是什么？如何对质量控制点进行质量控制？

3）施工单位对该工程应采用哪些质量控制的方法？

（3）分析与解答。

1）为确保工程质量，施工单位应对影响施工项目质量的五个主要因素进行控制，即人、材料、机械、方法和环境。

2）质量控制点是指为了保证作业过程质量而确定的重点控制对象、关键部位或薄弱环节。

质量控制点是施工质量控制的重点，凡属关键技术、重要部位、控制难度大、影响大、经验欠缺的代沟内容以及新材料、新技术、新工艺、新设备等，均可列为质量控制点，实施重点控制。

质量控制点的设置原则：是否设置为质量控制点，主要是视其对质量特性影响的大小、危害程度以及其质量保证的难度大小而定。

概括地说，应当选择那些保证质量难度大的、对质量影响大的或者发生质量问题时危害大的对象作为质量控制点。

质量控制点进行质量控制的步骤：首先要对施工的工程对象进行全面分析、比较，以明确质量控制点，然后进一步分析所设置的质量控制点在施工中可能出现的质量问题，或造成质量隐患的原因，针对隐患的原因，相应提出对策措施用以预防。

3）质量控制的方法：主要是审核有关技术文件和报告，直接进行程序质量检验或必要的试验等。

**【例 8-3】** 施工现场质量检查与控制

（1）背景。

某市建筑公司承接该市综合楼施工任务，该工程为 6 层框架砖混结构，采用十字交叉条形基础，其上布置底层框架。该公司为承揽该项施工任务，报价较低，因此，为降低成本，施工单位采用了一小厂提供的价格便宜的砖，在砖进场前未向监理申报。

（2）问题。

1）该施工单位对砖的采购做法是否正确？如果该做法不正确，施工单位应如何做？

2）施工单位现场质量检查的内容有哪些？

3）为保证该工程质量，在施工过程中，应如何加强对参与工程建设人员的控制？

(3) 分析与解答。

1) 施工单位在砖进场前未向监理申报的做法是错误的。

正确做法：施工单位运进砖前，应向项目监理机构提交“工程材料报表”，同时附有砖的出厂合格证、技术说明书，按规定要求进行送检的检验报告，经监理工程师审查并确认其质量合格后，方准进场。

2) 施工单位现场质量检查的内容：

①开工前检查。

②工序交接检查。

③隐蔽工程检查。

④停工后复工前的检查。

⑤分项分部工程完工后，应经检查认可，签署验收记录后，才允许进行下一工程项目施工。

⑥成品保护检查。

3) 对工程建设人员的控制：人作为控制对象，是要避免产生错误；作为控制动力，是要充分调动人的积极性，发挥人的主导作用。

**【例 8-4】** 设备质量控制

(1) 背景。

某安装公司承接一花园公寓设备安装工程的施工任务，为了降低成本，项目经理通过关系购进质量低劣廉价的设备安装管道，并隐瞒了建设单位和监理单位，工程完工后，通过了验收，并已交付使用，过了保修期后大批用户管道漏水。

(2) 问题。

1) 该工程管道漏水时，已过保修期，施工单位是否对该质量问题负责？为什么？

2) 简述材料质量控制的内容。

3) 为了满足质量要求，施工单位进行现场质量检查目测法和实测法有哪些常用手段？

(3) 分析与解答。

1) 虽然已过保修期，但施工单位仍要对该质量问题负责。原因是该质量问题的发生是由于施工单位采用不合格材料造成，是施工过程中造成的质量隐患，不属于保修的范围，因此不存在过了保修期的说法。

2) 材料质量控制的内容：

①控制材料性能、标准与设计文件的相符性。

②控制材料各项技术性能指标、检验测试指标与标准要求的相符性。

③控制材料进场验收程序及质量文件资料的齐全程度等。

施工企业应在施工过程中贯彻执行企业质量程序文件中明确材料在封样、采购、进场检验、抽样检测及质保资料提交等一系列的控制标准：材料的质量标准、材料的性能、材料取样、试验方法、材料的适用范围和施工要求等。

3) 施工现场目测法的手段可归纳为“看、摸、敲、照”四个字。

实测检查法的手段归纳为“靠、吊、量、套”四个字。

**【例 8-5】** 土方开挖工程的施工质量控制点有哪些？

**【解答】**（1）质量控制点如下：

1）基底超挖。

2）基底未保护。

3）施工顺序不合理。

4）开挖尺寸不足，边坡过陡。

（2）预防措施如下：

1）根据结构基础图绘制基坑开挖基底标高图，经审核无误方可使用。土方开挖过程中，特别是临近基底时，派专业测量人员控制开挖标高。

2）基坑开挖后尽量减少对基土的扰动，当基础不能及时施工时，应预留 30cm 土层不挖，待基础施工时再开挖。

3）开挖时应严格按施工方案规定的顺序进行，先从低处开挖，分层分段，依次进行，形成一定坡度，以利排水。

4）基底的开挖宽度和坡度，除考虑结构尺寸外，应根据施工实际要求增加工作面宽度。

**【例 8-6】** 大体积混凝土施工的施工质量控制点有哪些？

**【解答】**（1）质量控制点为控制裂缝的产生。

（2）预防措施如下：

1）优化配合比设计，采用低水化热水泥，并掺用一定配比的外加剂和掺和料，同时采取措施降低混凝土的出机温度和入模温度。

2）混凝土浇筑应做到斜面分段分层浇筑、分层捣实，但又必须保证上下层混凝土在初凝之前结合好，不致形成施工冷缝，应采取二次振捣法。

3）在四周外模上留设泌水孔，以使混凝土表面泌水排出，并用软轴泵排水。

4）混凝土浇筑到顶部，按标高用长刮尺刮平，在混凝土硬化前 1～2h 用木搓板反复搓压，直至表面密实，以消除混凝土表面龟裂。

5）混凝土浇筑完后，应及时覆盖保湿养护或蓄水养护，并进行测温监控，内外温差控制在 25℃以内。

**【例 8-7】** 模板施工的施工质量控制点和预防措施有哪些？

**【解答】**（1）质量控制点如下：

1）墙体混凝土厚薄不一致。

2）墙面凹凸不平、模板粘连。

3）阴角不垂直、不方正。

4）梁柱接头错台。

（2）预防措施如下：

1）墙体放线时误差应小，穿墙螺栓应全部穿齐、拧紧。加工筋固定撑具（梯子筋），撑具内的短钢筋直接顶在模板的竖向，模板的刚度应满足规定要求。

2）要定期对模板检修，板面有缺陷时，应随时进行修理，不得用大锤或振捣棒猛振模板，撬棍击打模板。模板拆除不能过早，混凝土强度达到 1.2MPa 方可拆除模板，并认真及时清理和均匀涂刷隔离剂，要有专人验收检查。

3）对于阴角处的角模，支撑时要控制其垂直度，并且用顶铁加固，保证阴角模的每个翼缘必须有一个顶铁，阴角模的两侧边粘贴海绵条，以防漏浆。

4）在柱模上口焊 20mm×6mm 的钢条，柱子浇完混凝土后，使混凝土柱端部四周形成一个 20mm×6mm 交圈的凹槽，第二次支梁柱顶模时，在柱顶混凝土的凹槽处粘贴橡胶条，梁柱顶模压在橡胶条上，以保证梁柱接头不产生错台。

**【例 8-8】** 混凝土工程施工的施工质量控制点和预防措施有哪些？

**【解答】**（1）质量控制点如下：

1）麻面、蜂窝、孔洞。

2）漏浆、烂根。

3）楼板面凸凹不平整。

（2）预防措施如下：

1）在进行墙柱混凝土浇筑时，要严格控制下灰厚度（每层不超过 50cm）及混凝土振捣时间。为防止混凝土墙面气泡过多，应采用高频振捣棒振捣至气泡排除为止。遇钢筋较密的部位时，用细振捣棒振捣，以杜绝蜂窝、孔洞。

2）墙体支模前应在模板下口抹找平层，找平层嵌入模板不超过 1cm，保证下口严密。浇筑混凝土前先浇筑 5～10cm 同等级混凝土水泥砂浆。混凝土坍落度要严格控制，防止混凝土离析，底部振捣应认真操作。

3）梁板混凝土浇筑方向应平行于次梁推进，并随打随抹。在墙柱钢筋上用红色油漆标注楼面+0.5m 的标高，拉好控制线控制楼板标高，浇混凝土时用刮杠找平。混凝土浇筑 2～3h 后，用木抹子反复（至少 3 遍）搓平压实。当混凝土达到规定强度时方可上人。

**【例 8-9】** 钢结构工程施工的施工质量控制点和预防措施有哪些？

**【解答】**（1）质量控制点如下：

1）构件运输堆放变形。

2）焊接变形。

3）尺寸不准。

4）焊缝缺陷。

5）螺栓孔眼不对。

6）现场焊接质量达不到设计及规范要求。

7）不使用安装螺栓，直接安装高强螺栓。

（2）预防措施如下：

1）构件运输堆放时地面必须垫平，垫点应合理，上下垫木应在一条垂线上，以避免垫点受力不均而产生变形。

2）应采用合理焊接顺序及焊接工艺或采用夹具、胎具将构件固定，然后再进行焊接，以防止焊接后翘曲变形。

3）钢构件制作、吊装、检查时应用统一精度的钢尺，并严格检查构件制作尺寸，不允许超过允许偏差。

4）严格按规范要求进行焊接施工，尽量减少焊接缺陷产生。

5）安装时不得任意扩孔或改为焊接，应与设计单位协商后按规范或洽商要求进行处理。

6）焊工须有上岗证，并应编号，焊接部位按编号做检查记录，全部焊缝经外观检查凡

达不到要求时，补焊后应复验。

7）安装时必须按规范要求先使用安装螺栓临时固定，调整紧固后再安装高强螺栓并替换。

**【例 8-10】** 砌筑工程施工的施工质量控制点和预防措施有哪些？

**【解答】**（1）质量控制点如下：

1）拉结筋任意弯折、切断。

2）墙体凹凸不平。

3）墙体留槎，接槎不严。

4）拉结钢筋不符合规定。

（2）预防措施如下：

1）砌砖时要注意保护好拉结筋，不允许任意弯折或切断。

2）砌筑时必须认真拉线，浇筑混凝土构造柱或圈梁时必须加好支撑，要坚持分层浇筑，分层振捣，浇筑高度不能大于 2m，插振不得过度。

3）施工间歇和流水作业需要留槎时必须留斜槎，留槎的槎口大小要根据所使用的材料和组砌方法而定。留槎的高度不超过 1.2m，一次到顶的留槎是不允许的。

4）拉结筋、拉结带应按设计要求预留、设置，预留位置应预先计算好砖行模数，以保证拉结筋与砖相吻合，不应将拉结筋弯折使用。

**【例 8-11】** 屋面工程施工的施工质量控制点和预防措施有哪些？

**【解答】**（1）质量控制点如下：

1）找平层起砂、空鼓、开裂。

2）屋面积水。

3）防水层空鼓、渗漏。

（2）预防措施如下：

1）找平层施工前，基层应清理干净并洒水湿润，但不能用水浇透。施工时要抹压充分，尤其是屋面转角处、出屋面管根和埋件周围要认真操作，不能漏压。抹平压实后，浇水养护，不能过早上人踩踏。

2）打底找坡时要根据坡度要求拉线找坡贴灰饼，顺排水方向冲筋，在排水口、雨水口处找出泛水，保温层、防水层和面层施工时均要符合屋面坡度的要求。

3）防水层施工时要严格控制基层含水率，并在后续工序的施工中加强检查，严格执行工艺规程，认真操作，空鼓和渗漏可以得到有效控制。

**【例 8-12】** 抹灰工程施工的施工质量控制点和预防措施有哪些？

**【解答】**（1）质量控制点如下：

1）空鼓、开裂和烂根。

2）抹灰面不平，阴阳角不垂直、不方正。

3）踢脚板和水泥墙裙等上口出墙厚度不一致、毛刺。

4）接槎不平，颜色不一致。

（2）预防措施如下：

1）基层应清理干净，抹灰前要浇透水，注意砂浆配合比，使底层砂浆与楼板黏结牢固。

抹灰时应分层分遍压实，施工完后及时浇水养护。

2）抹灰前要认真用托线板、靠尺对抹灰墙面尺寸预测摸底，安排好阴阳角不同两个面的灰层厚度和方正，认真做好灰饼、冲筋。阴阳角处用方尺套方，做到墙面垂直、平顺、阴阳角方正。

3）踢脚板、墙裙施工操作要仔细，认真吊垂直、拉通线找直找方，抹完灰后用板尺将上口刮平、压实、赶光。

4）要采用同品种、同强度等级的水泥，严禁混用，防止颜色不均；接槎应避免在块中，应甩在分格条处。

**【例 8-13】** 内墙抹灰质量控制要点有哪些？

**【解答】** 内墙抹灰质量控制要点有如下几点：

1）墙柱门口的阴阳角。阴阳角有方正和顺直两项。可以在开始抹灰施工时，制作 L50×5长 50 cm角铁工具顺直阴阳角，并用方尺控制阴阳角方正。

2）房间方正。否则，地板砖无论怎么调缝到边，留宽度总不能保证一致，从而造成水磨石分格再分不方正，吊顶分格咋看也觉得不顺。

3）窗口位置。不少工程铝合金窗安好之后，三边缝大小不一、偏差较大。原因是窗口两边抹灰不垂直。窗上口不水平，只好返工窗口抹灰。

4）门口位置。门口施工时一定要向抹灰工交代吃口宽度，特别应注意几个组同时施工的情况。以免抹灰好后，各门口抹灰面压门框宽窄不一。另外是门口抹灰前一定要检查门框安装位置、垂直度，避免门框与墙不平行，门框距墙中宽度不一。

5）抹灰面层。本工序易出现的问题是罩面白灰膏或素水泥浆施工过迟，压面无法压光滑，有细小格楞。涂料施工时，不得不用砂纸将小格楞磨平，既费工又费时。

6）梁底水平。许多抹灰工不注意梁底水平的控制，以致吊顶施工时，吊顶龙骨水平而露出梁。梁底两端距吊顶龙骨明显不平，严重影响观感。

7）内外墙交接窗口位置。有些工程框架柱边兼做窗边。这时施工时一定要等外墙瓷片排好版后再施工内墙。避免先施工内墙，再施工外墙面砖时，内外墙在窗口位置不同面。

8）墙体踢脚板位置、吊顶标高位置、平整度。抹灰工操作的时候，刮杆尺往往放不到踢脚板位置和吊顶标高位置，而使这两个位置平整度欠佳。踢脚板施工时能保证踢脚线上口平直，而保证不了踢脚线上口厚薄均匀一致。吊顶施工时能保证接墙龙骨平直，而龙骨与墙体间却留有缝隙，交工的时候也往往因这两点反复翻修，到最后仍达不到满意的结果。最好的办法是抹灰时向操作工仔细交底，加强对两位置检查，从而避免交工时的麻烦。

**【例 8-14】** 墙面涂料工程施工的施工质量控制点和预防措施有哪些？

**【解答】**（1）质量控制点如下：

1）基层清理不干净。

2）墙面修补不好，阴阳角偏差过大。

3）墙面腻子不平，阴阳角不方正，或腻子过厚而没有分层刮。

4）涂料的遍数不够，造成漏底、不均匀、刷纹等情况。

（2）预防措施如下：

1）基层一定要清理干净，有油污的应用10%的火碱水液清洗，松散的墙面和抹灰应清

除，修补牢固。

2）墙面的空鼓、裂缝等应提前修补，保证墙面含水率小于 8%。

3）涂料的遍数一定要保证，保证涂刷均匀。

4）对涂料的稠度必须控制，不能随意加水等。

## 本章练习题

1. 施工承包单位要求变更时如何处理?
2. 建设单位（监理工程师）要求变更时如何处理?
3. 结构工程隐蔽验收的项目有哪些?
4. 隐蔽工程检查验收的质量控制要点有哪些?
5. 施工质量检验的主要方法有哪些?

第9章

# 建筑工程施工质量检查与验收

## 9.1　建筑工程施工质量验收的基本规定

《统一标准》的基本规定，主要在四个方面对工程质量的验收，并进行了基本的要求和规定。

### 9.1.1　建筑工程施工质量管理的要求

（1）建筑工程施工单位应建立必要的质量责任制度，对建筑工程施工的质量管理体系提出较全面的要求，建筑工程的质量控制应为全过程的控制。

（2）施工单位应推行生产控制和合格控制的全过程质量控制，应有健全的生产控制和合格控制的质量管理体系。这里不仅包括原材料控制、工艺流程控制、施工操作控制、每道工序质量检查、各道相关工序间的交接检验以及专业工种之间等中间交接环节的质量管理和控制要求，还应包括满足施工图设计和功能要求的抽样检验制度等。施工单位还应通过内部的审核与管理者的评审，找出质量管理体系中存在的问题和薄弱环节，并制订改进的措施和跟踪检查落实等措施，使单位的质量管理体系不断健全和完善，这是该施工单位不断提高建筑工程施工质量的保证。

（3）施工现场必须具备相应的施工技术标准，同时施工单位应重视综合质量控制水平，应从施工技术、管理制度、工程质量控制和工程质量等方面制订对施工企业综合质量控制水平的指标，以达到提高整体素质和经济效益。

（4）施工现场质量管理检查必须记录，按照表 9 - 1 的要求进行填写。总监理工程师或建设单位项目负责人进行检查，并作出检查结论。

### 9.1.2　对施工过程工序质量控制的要求

（1）建筑工程采用的主要材料、半成品、成品、建筑构配件、器具和设备应进行现场验收。凡涉及安全、功能的有关产品，应按各专业工程质量验收规范规定进行复验，并应经监理工程师（建设单位技术负责人）检查认可。

（2）各工序应按施工技术标准进行质量控制，每道工序完成后，应进行检查。

（3）相关各专业工种之间，应进行交接检验，并形成记录。未经监理工程师（建设单位技术负责人）检查认可，不得进行下道工序施工。

### 9.1.3　对建筑工程施工质量验收的要求

《统一标准》对建筑工程施工质量验收作出了 10 条强制性条文，必须严格执行，以确保质量验收的质量。

表 9-1　　**施工现场质量管理检查记录**

| 工程名称 | | | | 施工许可证（开工证） | |
|---|---|---|---|---|---|
| 建设单位 | | | | 项目负责人 | |
| 设计单位 | | | | 项目负责人 | |
| 监理单位 | | | | 总监理工程师 | |
| 施工单位 | | 项目经理 | | 项目技术负责人 | |
| 序号 | 项　目 | | | | |
| 1 | 现场质量管理制度 | | | | |
| 2 | 质量责任制 | | | | |
| 3 | 主要专业工种操作上岗证书 | | | | |
| 4 | 分包方资质与对分包单位的管理制度 | | | | |
| 5 | 施工图审查情况 | | | | |
| 6 | 地质勘察资料 | | | | |
| 7 | 施工组织设计、施工方案及审批 | | | | |
| 8 | 施工技术标准 | | | | |
| 9 | 工程质量检验制度 | | | | |
| 10 | 搅拌站及计量设置 | | | | |
| 11 | 现场材料、设备存放与管理 | | | | |
| 12 | | | | | |
| 检查结论：<br><br>总监理工程师<br>（建设单位项目负责人）<br>年　月　日 | | | | | |

(1) 建筑工程质量应符合本标准和相关专业验收规范的规定。

(2) 建筑工程施工应符合工程勘察、设计文件的要求。

(3) 参加工程施工质量验收的各方人员应具备规定的资格。

(4) 工程质量的验收均应在施工单位自行检查评定的基础上进行。

(5) 隐蔽工程在隐蔽前应由施工单位通知有关单位进行验收，并应形成验收文件。

(6) 涉及结构安全的试块、试件以及有关材料，应按规定进行见证取样检测。

(7) 检验批的质量应按主控项目和一般项目验收。

(8) 对涉及结构安全和使用功能的重要分部工程应进行抽样检测。

(9) 承担见证取样检测及有关结构安全检测的单位应具有相应资质。

(10) 工程的观感质量应由验收人员通过现场检查，并应共同确认。

### 9.1.4　对检验批验收的抽样方案的有关规定

检验批的质量检验，应根据检验项目的特点在下列抽样方案中进行选择：

(1) 计量、计数或计量-计数等抽样方案。

（2）一次、二次或多次抽样方案。

（3）根据生产连续性和生产控制稳定性情况，尚可采用调整型抽样方案。

（4）对重要的检验项目在采用简易快速的检验方法时，可选用全数检验方案。

（5）经实践检验有效的抽样方案。

在制订检验批的抽样方案时，对生产方风险（或错判概率 $\alpha$）和使用方风险（或漏判概率 $\beta$）可按下列规定采取：

1）主控项目：对应于合格质量水平的 $\alpha$ 和 $\beta$ 均不宜超过5%。

2）一般项目：对应于合格质量水平的 $\alpha$ 不宜超过5%，$\beta$ 不宜超过10%。

## 9.2 检验批质量验收与记录

检验批虽然是工程验收的最小单元，但它是分项工程乃至整个建筑工程质量验收的基础。检验批是施工过程中条件相同并具有一定数量的材料、构配件或施工安装项目的总称，由于其质量基本均匀一致，因此可以作为检验的基础单位组合在一起，按批验收。

### 9.2.1 检验批质量合格应符合规定

（1）主控项目和一般项目的质量经抽样检验合格。

（2）具有完整的施工操作依据、质量检查记录。

### 9.2.2 检验批质量验收

检验批验收时应进行实物检验和资料检查。

1. 实物检验

实物检验应检验主控项目和一般项目。

对具体的检验批来说，应按照各专业质量验收规范对各检验批主控项目、一般项目规定的指标逐项检查验收。检验批的合格质量主要取决于对主控项目和一般项目的检验结果。

所谓主控项目是指建筑工程中的对安全、卫生、环境保护和公众利益起决定性作用的检验项目。主控项目是对检验批的基本质量起决定性影响的检验项目，其不允许有不符合要求的检验结果，即这种项目的检查具有否决权。如混凝土、砂浆的强度等级是保证混凝土结构、砌体工程强度的重要性能，必须全部达到要求的。因此，主控项目必须全部符合有关专业工程验收规范的规定。

（1）主控项目包括的内容主要有：

1）重要材料、构件及配件、成品及半成品、设备性能及附件的材质、技术性能等。检查出厂证明及试验数据，如水泥、钢材的质量，预制楼板、墙板、门窗等构配件的质量，风机等设备的质量。检查出厂证明，其技术数据、项目符合有关技术标准规定。

2）结构的强度、刚度和稳定性等检验数据、工程性能的检测。如混凝土、砂浆的强度，钢结构的焊缝强度，管道的压力试验，风管的系统测定与调整，电气的绝缘、接地电阻测试，电梯的安全保护、试运转结果等。检查测试记录，其数据及项目要符合设计要求和相关验收规范规定。

3）一些重要的允许偏差项目，必须控制在允许偏差限值之内。对一些有龄期的检查项

目，在其龄期不到，不能提供数据时，可先将其他评价项目先评价，并根据施工现场的质量保证和控制情况，暂时验收该项目，待检测数据出来后，再填入数据。如果数据达不到规定数值，或者对一些材料、构配件质量及工程性能的测试数据有疑问时，应进行复试、鉴定及实地检验。

所谓一般项目是指除主控项目以外的检验项目，其条文也是应该达到的，只不过对影响工程安全和使用功能较小的少数条文可以适当放宽一些。这些条文虽不像主控项目那样重要，但对工程安全、使用功能、建筑美观都是有较大影响的。

（2）一般项目包括的内容主要有：

1）在一般项目中，允许有一定偏差的，如用数据标准判断，其偏差范围不得超过规定值。

2）对不能确定偏差值而又允许出现一定缺陷的项目，则以缺陷的数量来区分。如砖砌体预埋拉结筋的留置间距偏差、混凝土钢筋漏筋等。

3）一些无法定量的而采用定性的项目。如碎拼大理石地面颜色协调，无明显裂缝和坑洼；油漆工程中，油漆的光亮和光滑项目；卫生器具给水配件安装项目，接口严密，启闭部分灵活；管道接口项目，无外露油麻等需要监理工程师来合理控制。

2. 资料检查

资料检查主要是检查从原材料进场到检验批验收的各施工工序的操作依据、资料检查情况以及控制质量的各项管理制度等。由于资料是工程质量的记录，所以对资料完整性的检查，实际是对过程控制的检查确认，是检验批合格的前提。

（1）图纸会审、设计变更、洽商记录。

（2）建筑材料、成品、半成品、建筑构配件、器具和设备的质量证明书及进场检（试）验报告。

（3）工程测量、放线记录。

（4）按专业质量验收规范规定的抽样检验报告。

（5）隐蔽工程检查记录。

（6）施工过程记录和施工过程检查记录。

（7）新材料、新工艺的施工记录。

（8）质量管理资料和施工单位操作依据等。

3. 检验批的质量验收记录

检验批的质量验收记录由施工项目专业质量检查员填写，监理工程师（建设单位专业技术负责人）组织项目专业质量检查员等进行验收，并按表 9 - 2 记录。表格填写的一般规定如下：

（1）表格中工程参数等应按实填写，施工单位、分包单位名称宜写全称，并与合同上公章名称一致，并应注意各表格填写的名称应相互一致。项目经理应填写合同中指定的项目负责人，分包单位的项目经理也应是合同中指定的项目负责人，表头签字处不需要本人签字，由填表人填写即可，只是需要标明具体的负责人。

（2）填写“施工单位检查评定记录”栏，应遵守下列要求：

1）对定量检查项目，当检查点少时，可直接在表中填写检查数据。当检查点数较多填写不下时，可以在表中填写综合结论，如“共检查 20 处，平均 4mm，最大 7mm”、“共检查 36 处，全部合格”等字样，此时应将原始记录附在表后。

**表 9-2　　　　检验批质量验收记录**

| 工程名称 | | 分项工程名称 | | 验收部位 | |
|---|---|---|---|---|---|
| 施工单位 | | | | 项目经理 | |
| 施工执行标准名称及编号 | | | | 专业工长 | |
| 分包单位 | | 分包项目经理 | | 施工班组长 | |
| | 质量验收规范的规定 | | 施工单位检查评定记录 | 监理（建设）单位验收记录 | |
| 主控项目 | 1 | | | | |
| | 2 | | | | |
| | 3 | | | | |
| | 4 | | | | |
| | 5 | | | | |
| | 6 | | | | |
| | 7 | | | | |
| | 8 | | | | |
| | 9 | | | | |
| | | | | | |
| 一般项目 | | | | | |
| | | | | | |
| | | | | | |
| | | | | | |
| 施工单位检查评定结果 | 项目专业质量检查员： | | | 年　月　日 | |
| 监理（建设）单位验收结论 | 监理工程师（建设单位项目专业技术负责人） | | | 年　月　日 | |

2）对定性类检查项目，可填写“符合要求”等或用符号表示，打“√”或打“×”。

3）对既有定性又有定量的项目，当各个子项目质量均符合规范规定时，可填写“符合要求”或打“√”，不符合要求时打“×”。

4）无此项内容时用打“/”来标注。

5）在一般项目中，规范对合格点百分率有要求的项目，也可填写达到要求的检查点的百分率。

6）对混凝土、砂浆强度等级，可先填报告份数和编号，待试件养护至 28 天试压后，再对检验批进行判定和验收，应将试验报告附在验收表后。

7）主控项目不得出现“×”，当出现打“×”时，应进行返工修理，使之达到合格。一般项目不得出现超过 20%的检查点打“×”，否则应进行返工修理。

8）有数据的项目，将实际测量的数值填入格内，超企业标准但未超过国家验收规范的数字用“○”将其圈住，对超过国家验收规范的数字用“△”圈住。

9）当采用计算机管理时，可以均采用打“√”或打“×”来标注。

“施工单位检查评定记录”栏应由质量检查员填写。填写内容可为“合格”或“符合要求”，也可为“检查工程主控项目、一般项目均符合《××××质量验收规范》（GB ××—××）的要求，评定合格”等。质量检查员代表企业逐项检查评定合格后，应如实填表并签字，然后交监理工程师或建设单位项目专业技术负责人验收。

（3）检验批检查验收时，一般项目中检查点的合格率，应符合各专业工程施工质量验收规范的规定。其主要原则是：

1）主控项目，应该全部达到规范要求。

2）一般项目，无论是定性还是定量要求，应有 80%以上检查点达到规范要求，其余20%的检查点应按各专业工程施工质量验收规范的规定执行。

各专业工程施工质量验收规范中判定一般项目合格的规定大致如下：

属于定量要求的，实际偏差最大不能超过允许偏差的 1.5 倍。但有些项目例外，如混凝土结构的钢筋保护层厚度，检查点合格率应为 90%以上；对钢结构，实际偏差最大不能超过允许偏差的 1.2 倍。

属于定性要求的，应有 80%以上的检查点达到规范规定。其余检查点按各专业工程施工质量验收规范的规定执行，通常规定不能有影响性能的严重缺陷。

（4）“监理单位验收记录”栏。

通常在验收前，监理人员应采用平行、旁站或巡回等方法进行监理，对施工质量抽查，对重要项目做见证检测，对新开工程、首件产品或样板间等进行全面检查。以全面了解所监理工程的质量水平、质量控制措施是否有效及实际执行情况，做到心中有数。

在检验批验收时，监理工程师应与施工单位质量检查员共同检查验收。监理人员应对主控项目、一般项目按照施工质量验收规范的规定逐项抽查验收。应注意：监理工程师应该独立得出是否符合要求的结论，并对得出的验收结论承担责任。对不符合施工质量验收规范规定的项目，暂不填写，待处理后再验收，但应作出标记。认为验收合格，应签注“同意施工单位评定结果，验收合格”。

如果检验批中含有混凝土、砂浆试件强度验收等内容，应待试验报告出来后再作判定。

4. 填写时注意的事项

在填写检验批的质量验收记录表时，则应注意如下事项：

（1）施工企业在填写施工记录或评定结果时，不论采用文字描述还是采用打“√”方式，均应简单明了，不要含糊其辞，模糊不清。

（2）检验批部位必须要填写清楚，不要相互混淆。如在单层结构安装的检验批的质量验收表中，有钢柱的安装、斜梁的安装、吊车梁的安装等。所以在标明是哪个项目的同时，还应注明是哪一轴线和哪一轴线上的第几号构件。

（3）在同一张表中，可能包含有几个检验项目，这时不要将未涉及的项目全部填写。如零部件加工分项检验批的验收记录表，要记录切割 H 型钢的翼缘，还要记录切割 H 型钢的腹板。在 H 型钢中，还要有钢柱、斜梁、吊车梁之分，并且还要记录各 H 型钢构件的连接板。所以项目繁多，不能一概而论，避免是空格均填的错误做法。

（4）要实事求是，不得弄虚作假。检验批质量验收表格中记录的内容均是经过质量检测、检查所得的结果，不是凭空捏造的。否则，会对工程质量造成极大隐患。

## 9.3 分项工程质量验收规定与记录

分项工程由一个或若干个检验批组成。分项工程合格质量验收，即只要构成分项工程的各检验批的验收资料文件完整，并且均已验收合格，则分项工程验收合格。

### 9.3.1 分项工程质量验收合格应符合的规定

（1）分项工程所含的检验批均应符合合格质量的规定。

（2）分项工程所含的检验批的质量记录应完整。

分项工程的验收是在检验批的基础上进行的。一般情况下，两者具有相同或相近的性质，只是批量的大小不同而已，有时也有一些直接的验收内容，所以在验收分项工程时应注意：

1）核对检验批的部位、区段是否全部覆盖分项工程的范围，有没有缺漏的部位没有验收到。

2）检查有混凝土、砂浆强度要求的检验批，到龄期后进行评定，看能否达到设计要求及规范规定。

3）一些在检验批中无法检验的项目，在分项工程中直接验收。如砖砌体工程中的全高垂直度、最后总标高以及砂浆强度的评定等。

4）检验批验收记录的内容及签字人是否正确、齐全，看有没有不符合要求的资料，审查后依次进行登记整理，以方便管理。

### 9.3.2 分项工程质量验收记录

分项工程质量应由监理工程师（建设单位项目专业技术负责人）组织项目专业技术负责人等进行验收，并按表9-3记录。表格的填写：表名填上所验收分项工程的名称，表头及检验批部位、区段，施工单位检查评定结果，由施工单位项目专业质量检查员填写，由施工单位的项目专业技术负责人检查后给出评价并签字，交监理单位或建设单位验收。

**表9-3** ________分项工程质量验收记录

| 工程名称 | | 结构类型 | | 检验批数 | |
|---|---|---|---|---|---|
| 施工单位 | | 项目经理 | | 项目技术负责人 | |
| 分包单位 | | 分包单位负责人 | | 分包项目经理 | |
| 序号 | 检验批部位、区段 | 施工单位检查评定结果 | | 监理（建设）单位验收结论 | |
| 1 | | | | | |
| 2 | | | | | |
| 3 | | | | | |
| 4 | | | | | |
| 5 | | | | | |
| 6 | | | | | |
| 7 | | | | | |
| 8 | | | | | |
| 9 | | | | | |

续表

| 序号 | 检验批部位、区段 | 施工单位检查评定结果 | | 监理（建设）单位验收结论 |
|---|---|---|---|---|
| 10 | | | | |
| 11 | | | | |
| 12 | | | | |
| 13 | | | | |
| 14 | | | | |
| 15 | | | | |
| 16 | | | | |
| 17 | | | | |
| | | | | |
| | | | | |
| | | | | |
| 检查结论 | 项目专业技术负责人<br>年　月　日 | | 验收结论 | 监理工程师<br>（建设单位项目<br>专业技术负责人）<br>年　月　日 |

监理单位的专业监理工程师（或建设单位的专业负责人）应逐项审查，同意验收项填写“合格或符合要求”，并签字确认。不同意项暂不填写，待处理后再验收，但应做标记。注明不验收的意见，指出存在的问题，明确处理要求和完成时间。

## 9.4　分部（子分部）工程质量验收规定与记录

在一个分部工程中只有一个子分部工程时，子分部工程就是分部工程；当不只一个子分部工程时，可以一个子分部、一个子分部地进行质量验收。

### 9.4.1　分部（子分部）工程质量验收合格应符合的规定

（1）分部（子分部）工程所含分项工程的质量均应验收合格。

1）检查每个分项工程验收是否正确。

2）注意核对所含分项工程，有没有漏、缺的分项工程没有归纳进来，或是没有进行验收。

3）注意检查分项工程的资料是否完整，每个验收资料的内容是否有缺漏项以及分项验收人员的签字是否齐全及符合规定。

（2）质量控制资料应完整。

1）核查和归纳各检验批的验收记录资料，核对其是否完整。

2）检验批验收时，资料应准确完整才能验收。在分部、子分部工程验收时，主要是核查和归纳各检验批的施工操作依据、质量检查记录，查对其是否配套完整，包括有关施工工艺（企业标准）、原材料、构配件出厂合格证及按规定进行的试验资料的完整程度。一个分部（子分部）工程能否具有数量和内容完整的质量控制资料，是验收规范指标能否通过验收的关键，但在实际工程中，有时资料的类别、数量会有欠缺，不够完整，要靠验收人员来掌握其程度，具体操作可参照单位工程的做法。

3）注意核对各种资料的内容、数据及验收人员的签字是否规范等。

（3）地基与基础、主体结构和设备安装等分部工程有关安全及功能的检验和抽样检测结果应符合有关规定。

1）检查各规范中规定的检测项目是否都进行了验收，不能进行检测的项目应该说明原因。

2）检查各项检测记录（报告）的内容、数据是否符合要求，包括检测项目的内容、所遵循的检测方法标准、检测结果的数据是否达到规定的标准。

3）核查资料的检测程序，有关取样人、检测人、审核人、试验负责人，以及公章签字是否齐全等。

（4）观感质量验收应符合要求。观感质量配件是全面配件一个分部（子分部）工程、单位（子单位）工程的外观及使用功能质量的必要手段与过程，它可以促进施工过程的管理、成品保护，提高社会效益和环境效益。

分部工程的验收在其所含各分项工程验收的基础上进行，由于各分项工程的性质不尽相同，因此作为分部工程不能简单的组合而加以验收，尚需增加以下两类检查：

涉及安全和使用功能的地基基础、主体结构、有关安全及重要使用功能的安装分部工程，应进行有关见证取样、送样、试验或抽样检测。如建筑物垂直度、标高、全高测量记录，建筑物沉降观测测量记录，给水管道通水试验记录，暖气管道、散热器压力试验记录，照明动力全负荷试验记录等。

观感质量验收，检查往往难以定量，只能以观察、触摸或简单测量的方式进行，并由各人的主观印象判断，检查结构并不给出“合格”或“不合格”的结论，而是综合给出质量评价。评价的结论为“好”、“一般”和“差”三种。在检查时应注意：

1）要注意一定将工程的各个部位全部看到，能操作的应操作，观察其方便性、灵活性或有效性等，能打开观看的应打开观看，不能只看外观，应全面了解分部（子分部）工程的实物质量。

2）评价标准由检查评价人员宏观掌握，如果没有较明显达不到要求的，就可以评为“一般”；如果某些部位质量较好，细部处理到位，就可评为“好”；如果有的部位达不到要求，或有明显的缺陷，但不影响安全或使用功能的，则评为“差”。评为差的项目能进行返修的应进行返修，不能返修的只要不影响结构安全和使用功能的可采用协商解决的方法通过验收，并在验收表上注明。有影响安全或使用功能的项目，不能评价，应修理后再评价。

观感质量验收人员必须具有相应的资格，由总监理工程师组织不少于三位监理工程师来检查，在听取其他参加人员的意见后，共同作出评价，但总监理工程师的意见应为主导意见。在作评价时，应分项目逐点评价，也可按项目进行综合评价，最后对分部（子分部）工程作出评价验收结论。

### 9.4.2 分部（子分部）工程质量验收记录

分部（子分部）工程质量应由总监理工程师（建设单位项目专业负责人）组织施工项目经理和有关勘察、设计单位项目负责人进行验收，并按表 9-4 记录。

表 9-4　　　　　　　　　　　　　　　　______分部（子分部）工程验收记录

<table>
<tr><td colspan="2">工程名称</td><td></td><td>结构类型</td><td></td><td>层数</td><td></td></tr>
<tr><td colspan="2">施工单位</td><td></td><td>技术部门负责人</td><td></td><td>质量部门负责人</td><td></td></tr>
<tr><td colspan="2">分包单位</td><td></td><td>分包单位负责人</td><td></td><td>分包技术负责人</td><td></td></tr>
<tr><td>序号</td><td>分项工程名称</td><td>检验批数</td><td colspan="2">施工单位检查评定</td><td colspan="2">验收意见</td></tr>
<tr><td>1</td><td></td><td></td><td colspan="2"></td><td colspan="2" rowspan="6"></td></tr>
<tr><td>2</td><td></td><td></td><td colspan="2"></td></tr>
<tr><td>3</td><td></td><td></td><td colspan="2"></td></tr>
<tr><td>4</td><td></td><td></td><td colspan="2"></td></tr>
<tr><td>5</td><td></td><td></td><td colspan="2"></td></tr>
<tr><td>6</td><td></td><td></td><td colspan="2"></td></tr>
<tr><td colspan="2">质量控制资料</td><td></td><td colspan="2"></td><td colspan="2"></td></tr>
<tr><td colspan="2">安全和功能检验（检测）报告</td><td></td><td colspan="2"></td><td colspan="2"></td></tr>
<tr><td colspan="2">观感质量验收</td><td></td><td colspan="2"></td><td colspan="2"></td></tr>
<tr><td rowspan="5">验收单位</td><td>分包单位</td><td colspan="5">项目经理　　年　月　日</td></tr>
<tr><td>施工单位</td><td colspan="5">项目经理　　年　月　日</td></tr>
<tr><td>勘察单位</td><td colspan="5">项目负责人　　年　月　日</td></tr>
<tr><td>设计单位</td><td colspan="5">项目负责人　　年　月　日</td></tr>
<tr><td>监理（建设）单位</td><td colspan="5">总监理工程师<br>（建设单位项目专业负责人）　　年　月　日</td></tr>
</table>

1. 表名及表头部分的填写

表名：分部（子分部）工程的名称填写要具体，写在分部（子分部）工程的前边，并分别划掉分部或子分部。分部（子分部）工程的名称按统一标准附录 B 的名称填写。

表头部分的工程名称填写工程全称，与检验批、分项工程、单位工程验收表的工程名称一致。

结构类型填写按设计文件提供的结构类型填写，层数应分别注明地下和地上的层数。

施工单位填写单位全称，与检验批、分项工程、单位工程验收表填写的名称一致。

技术部门负责人及质量部门负责人：多数情况下填写项目的技术及质量负责人，只有地基与基础、主体结构及重要安装分部（子分部）工程应填写施工单位的技术部门及质量部门负责人。

分包单位的填写：有分包单位时才填，没有时就不填写。分包单位名称要写全称，与合同或图章上的名称一致。分包单位负责人及分包单位技术负责人填写本项目的项目负责人及项目技术负责人。

2. 验收内容共有四项内容

（1）分项工程的核查。

按分项工程第一个检验批施工先后的顺序，将分项工程名称填写上，在第二格栏内分别填写各项工程实际的检验批数量，即分项工程验收表上的检验批数量，并将各分项工程验收表按顺序附在表后。

施工单位检查评定栏，填写施工单位自行检查评定的结果。核查一下各分项工程是否都评定合格，有关有龄期试件的合格评定是否达到要求。有全高垂直度或总的标高的检验项目的应进行检查验收。自检符合要求的可打“√”，否则不能交给监理单位或建设单位验收，应进行返修达到合格后再提交验收。监理单位或建设单位由总监理工程师或建设单位项目专业负责人组织验收，在符合要求后，在验收意见栏内签注“同意验收”意见。

（2）质量控制资料的核查。

应按表9-6所示单位（子单位）工程质量控制资料核查记录中的相关内容或各规范中分部（子分部）的资料来确定所验收的分部（子分部）工程的质量控制资料项目，自己列成一个分部（子分部）工程资料核查表，按资料核查的要求，逐项进行核查。能基本反映工程质量情况，达到保证结构安全和使用功能的要求，即可通过验收。全部项目都通过，即可在施工单位检查评定栏内打“√”标注检查合格，并送监理单位或建设单位验收。监理单位总监理工程师组织审查，在符合要求后，在验收意见栏内签注“同意验收”意见。

有些工程可按子分部工程进行资料验收，有些工程可按分部工程进行资料验收，由于工程不同，不要求统一。如果全部子分部工程的资料都检查符合要求，分部工程的资料也可不再查。

（3）安全和功能检验（检测）资料。

这个项目是指竣工抽样检测的项目，能在分部（子分部）工程中检测的，为了加强质量控制，及时发现质量问题，尽量放在分部（子分部）工程中检测。检测内容按照单位（子单位）工程安全和功能检验资料核查及主要功能抽查记录（见表9-7）或各规范中分部（子分部）工程中规定的项目相关内容确定检查和抽查项目。在核查时要注意：

1）在开工之前确定的项目是否都进行了检测。

2）逐一检查每个检测报告，核查每个检测项目的检测方法、程序是否符合有关标准规定。

3）检测结果是否达到规范的要求，检测报告的审批程序签字是否完整，在每个报告上标注审查同意。

每个检测项目都通过审查，即可在施工单位检查评定栏内打“√”标注检查合格。由项目经理送监理单位（或建设单位）验收。监理单位总监理工程师或建设单位项目专业负责人组织审查，在符合要求后，在验收意见栏内签注“同意验收”意见。

（4）观感质量检查。

观感质量验收按照单位（子单位）工程观感质量检查记录（见表9-8）的有关项目及各规范中分部（子分部）工程中规定的项目进行检查。为了检查方便，也可自行列成一个分部（子分部）工程的检查表。

3. 验收单位签字认可

按表列参与工程建设责任单位的有关人员应亲自签名，以示负责，以便追查质量责任。

勘察单位可只签认地基基础分部（子分部）工程，由项目负责人亲自签认。

设计单位可只签地基基础、主体结构及重要安装分部（子分部）工程，由项目负责人亲自签认。

施工总承包单位各分部（子分部）工程都必须签认，必须由项目经理亲自签认，有分包单位的分包单位也必须签认其分包的分部（子分部）工程，由分包项目经理亲自签认。

监理单位作为验收方，由总监理工程师亲自验收。如果按规定可由建设单位自行管理的工程，可由建设单位项目专业负责人亲自签认验收。

## 9.5　单位（子单位）工程质量验收规定与记录

### 9.5.1　单位（子单位）工程质量验收合格应符合的规定

（1）单位（子单位）工程所含分部（子分部）工程的质量均应验收合格。

1）核查各分部工程中所含的子分部工程验收是否齐全。

2）核查各分部、子分部工程质量验收记录表的质量评价是否齐全、完整。

3）核查各分部、子分部工程质量验收记录表的验收人员是否是规定的有相应资质的技术人员，并进行了评价和签认。

（2）质量控制资料应完整。

单位（子单位）工程质量验收应加强建筑结构、设备性能、使用功能方面主要技能的检验。总承包单位应将各分部（子分部）工程应有的质量控制资料进行核查，图纸会审及变更记录，定位测量放线记录，施工操作依据，原材料、构配件等质量证书，按规定进行检验的检测报告，隐蔽工程验收记录，施工中有关施工试验、测试、检验以及抽样检测项目的检测报告等，由总监理工程师进场核查确认，可按单位工程所包含的分部（子分部）工程分别核查，也可综合抽查。检查单位工程的质量控制资料时，应对主要技术性能进行系统的核查。如一个空调系统只有分部（子分部）工程全部完成后才能进行综合调试，取得需要的检验数据。

施工操作工艺、企业标准、施工图纸及设计文件、工程技术资料和施工过程的见证记录，必须齐全完整。

单位工程质量控制资料是否完整，通常可按以下三个层次进行判定：

1）已发生的资料项目必须有。

2）在每个项目中该有的资料必须有，没有发生的资料应该没有。

3）在每个资料中该有的数据必须有。

工程资料是否完整，要视工程项目的具体情况、特点和已有资料的情况而定，验收人员关键一点是应看其工程的结构安全和使用功能是否达到设计要求。如果资料能保证该工程结构安全和使用功能，能达到设计要求，则可认为是完整。否则，不能判为完整。

（3）单位（子单位）工程所含分部工程有关安全和功能的检测资料应完整。

为确保工程的安全和使用功能，在分部（子分部）工程中提出了一些有关安全和功能检测项目，在分部（子分部）工程检查和验收时，应进行检测来保证和验证工程的综合质量和最终质量。这种检测（检验）由施工单位来检测，检测过程中可请监理工程师或建设单位有关负责人参加监督检测工作，达到要求后，并形成检测记录签字认可。在单位（子单位）工程验收时，监理工程师应对各分部（子分部）工程应检测的项目进行核对，对检测资料的数量、数据、检测方法、标准、检测程序、有关人员的签认情况等进行核查。核查后，将核查的情况填入单位（子单位）工程安全和功能检测资料核查和主要功能抽查记录表，并对该项内容作出通过或不通过的结论。

对涉及安全和使用功能的分部工程，应对检测资料进行复查。不仅要全面检查其完整性（不得有漏检和缺项），而且对分部工程验收时补充进行的见证抽样检验报告也要复核，这是16字方针中的“强化验收”的具体体现。这种强化验收的手段体现了对安全和主要使用功能的重视。

（4）主要功能项目的抽查结果应符合相关专业质量验收规范的规定。

主要功能项目抽查的目的是综合检验工程质量是否能保证工程的功能，满足使用要求。主要功能抽测项目已在各分部（子分部）工程中列出，有的是在分部（子分部）工程完成后进行检测，有的还要待相关分部（子分部）工程完成后才能检测，有的则需要待单位工程全部完成后进行检测，这些检测项目应在由施工单位向建设单位提交工程验收报告之前全部进行完毕，并将检测报告写好。建设单位组织单位工程验收时，抽测项目一般由验收委员会（验收组）来确定。但其项目应包含在单位（子单位）工程安全和功能检测资料核查和主要功能抽查记录表中所含项目里，不能随便提出其他项目。如需要进行表中未有的检测项目时，应经过专门研究来确定。通常监理单位应在施工过程中，提醒将抽测的项目在分部（子分部）工程验收时抽测。多数情况是施工单位检测时，监理、建设单位都参加，不再重复检测，防止造成不必要的浪费及对工程的损害。

通常主要功能抽测项目，应为有关项目最终的综合性的使用功能，如室内环境检测、屋面淋水检测、用电设备全负荷试验检测、智能建筑系统运行等。只有最终抽测项目效果不符合验收标准要求，必须进行中间过程有关项目的检测时，才与有关单位共同制订检测方案，并制订完善的成品保护措施。主要功能抽测项目的进行，以不损坏建筑成品为原则。

使用功能的抽查是对建筑工程和设备安装工程最终质量的综合检验，也是用户最为关心的内容。因此，在分项、分部工程验收合格的基础上，竣工验收时应再做一定数量的抽样检查。抽查数目在基础资料文件的基础上由参加验收的各方人员商定，并用计量、计数等抽样方法确定检查部位。竣工验收检查，应按照有关专业工程施工质量验收标准的要求进行。

（5）观感质量验收应符合要求。

分项、分部工程的验收，对其本身来讲是产品检验，只有单位工程的验收，才是最终建筑产品的验收。观感质量检查绝不是单纯的外观检查，而是实地对工程的一个全面检查，核实质量控制资料，核查分项、分部工程验收的正确性，对在分项工程中不能检查的项目进行检查等。若工程完工，绝大部分的安全可靠性能和使用功能已达到要求，但出现不应出现的裂缝和严重影响使用功能的情况，应该首先弄清原因，然后再评价。分项、分部工程无法测定和不便测定的项目，在单位工程观感评价中，必须给予核查。如建筑物的全高垂直度、上下窗口位置偏移及一些线角顺直等项目，只有在单位工程质量最终检查时，才能了解得更确切。

单位（子单位）工程观感质量评价方法同分部（子分部）工程观感质量验收项目。

竣工验收时，须由参加验收的各方人员共同进行观感质量检查。

单位工程质量验收也称质量竣工验收，是施工项目投入使用前的最后一次验收，也是最重要的一次验收。

### 9.5.2 单位（子单位）工程质量竣工验收记录

表9-5为单位（子单位）工程质量竣工验收记录。单位（子单位）工程质量验收应按

表 9 - 5 记录，本表与单位（子单位）工程质量控制资料核查记录（见表 9 - 6）、单位（子单位）工程安全和功能检验资料核查及主要功能抽查记录（见表 9 - 7）、单位（子单位）工程观感质量检查记录（见表 9 - 8）配合使用。

1. 表名及表头的填写

将单位工程或子单位工程的名称由施工单位填写在表名的前边，并将子单位或单位工程的名称划掉。

表头部分，按分部（子分部）表的表头要求填写。

2. 验收内容之一是“分部工程”核查

首先由施工单位的项目经理组织有关人员逐个分部（子分部）进行核对检查。所含分部（子分部）工程检查合格后，由施工单位填写“验收记录”栏。注明共验收几个分部，经验收符合标准及设计要求的几个分部。由监理单位审查验收的分部工程全部符合要求后，由监理单位在“验收结论”栏内，写上“同意验收”的结论。

3. 验收内容之二是“质量控制资料”核查

这项内容有专门的验收表格（见表 9 - 6），也是先由施工单位检查合格，再提交监理单位验收。其全部内容在分部（子分部）工程中已经审查。通常单位（子单位）工程质量控制资料核查也是按分部（子分部）工程逐项检查和审查，一个分部工程只有一个子分部工程时，子分部工程就是分部工程；有多个子分部工程时，可逐个地检查和审查，也可按分部工程检查和审查。每个子分部工程检查核查后，也不必再整理分部工程的质量控制资料，只将其依次装订起来，前面的封面写上分部工程的名称，并将所含子分部工程的名称依次填写在下边就行了。然后将各子分部工程审查的资料逐项进行统计，填入“验收记录”栏内。通常共有多少项资料，经审查也都应符合要求，如果出现有核定的项目时，应查明情况，只要是协商验收的内容，填在验收结论栏内。通常严禁验收的事件，不会留给单位工程来处理。这项也是先用施工单位自行检查评定合格后，提交监理（建设）单位验收。由总监理工程师或建设单位项目负责人组织审查，符合要求后，在“验收记录”栏内填写项数，在验收结论栏内，写上“同意验收”的意见，同时要在单位（子单位）工程质量竣工验收记录（见表 9 - 5）中的序号 2 栏内的验收结论栏内填“同意验收”。

4. 验收内容之三是“安全和主要使用功能核查及抽查结果”

这项内容有专门的验收表格（见表 9 - 7），包括两个方面的内容：

（1）在分部（子分部）进行了安全和功能检测的项目，要核查其检测报告等验收资料，结论是否符合设计要求。

（2）在单位工程进行的安全和功能检测的项目，要核查其项目是否与施工前确定的计划内容一致，抽测的程序、方法是否符合有关规定，抽测报告的结论是否达到设计要求及规范规定。

这个也是由施工单位检查评定合格，填好表格再提交验收。总监理工程师或建设单位项目负责人组织审查，程序内容两个方面基本是一致的。按项目逐个进行核查验收，然后统计核查的项数和抽查的项数，填入份数栏内。每项符合要求后，分别填入“核查意见”栏和“抽查结果”栏。并分别统计符合要求的项数，也分别填入验收记录栏相应的空档内。通常两个项数是一致的，如果个别项目的抽测结果达不到设计要求，则可以进行返工处理达到符合要求。然后由总监理工程师或建设单位项目负责人在单位（子单位）工程质量竣工验收记录（见表 9-5）中的序号 3 栏内的验收结论栏内填“同意验收”。如果返工处理后仍达不到设计要求，就要按不合格处理程序进行处理。

5. 验收内容之四是“观感质量验收”

观感质量检查的方法同分部（子分部）工程，单位工程观感质量检查验收不同的是项目比较多，是一个综合性验收。检查用单位（子单位）工程观感质量检查记录（见表 9-8）进行检查。实际是复查一下各分部（子分部）工程验收后，到单位工程竣工这段时间内的质量变化、成品保护以及分部（子分部）工程验收时，还没有形成部分的观感质量等。这个项目也是先由施工单位检查评定合格，再提交验收。由总监理工程师或建设单位项目负责人组织审查，程序和内容基本上是一致的。按核查的项目数及符合要求的项目数填写在“验收记录”栏内，如果没有影响结构安全和使用功能的项目，由总监理工程师或建设单位项目负责人填写主导意见，评价“好”、“一般”、“差”，且不论评价为“好”、“一般”、“差”的项目，都可作为符合要求的项目，由总监理工程师或建设单位项目负责人在“验收结论”栏内填写“同意验收”的结论。如果有不符合要求的项目，就要按不合格处理程序进行处理。

6. 验收内容之五是“综合验收结论”

施工单位在工程完工后，由项目经理组织有关人员对验收内容逐项进行查对，并将表格中应填写的内容进行填写，自检评定符合要求后，在“验收记录”栏内填写有关项数，交建设单位组织验收。综合验收是指在前五项内容均验收符合要求后进行的验收，即按单位（子单位）工程质量竣工验收记录（见表 9-5）进行验收。经各项目审查符合要求时，由监理单位或建设单位在“验收结论”栏内填写“同意验收”的意见。各栏均同意验收且经各参加检验方共同商定后，由建设单位填写“综合验收结论”，可填写为“通过验收”。

**表 9-5　　单位（子单位）工程质量竣工验收记录**

<table>
<tr><td colspan="2">工程名称</td><td></td><td>结构类型</td><td></td><td>层数/建筑面积</td><td></td></tr>
<tr><td colspan="2">施工单位</td><td></td><td>技术负责人</td><td></td><td>开工日期</td><td></td></tr>
<tr><td colspan="2">项目经理</td><td></td><td>项目技术负责人</td><td></td><td>竣工日期</td><td></td></tr>
<tr><td>1</td><td>分部工程</td><td colspan="3">共分　部，经查　分部符合标准及设计要求　分部</td><td colspan="2"></td></tr>
<tr><td>2</td><td>质量控制资料核查</td><td colspan="3">共　项，经审查符合要求　项，经核定符合规范要求　项</td><td colspan="2"></td></tr>
<tr><td>3</td><td>安全和主要使用功能核查及抽查结果</td><td colspan="3">共核查　项，符合要求　项，共抽查　项，符合要求　项，经返工处理符合要求　项</td><td colspan="2"></td></tr>
<tr><td>4</td><td>观感质量验收</td><td colspan="3">共抽查　项，符合要求　项，不符合要求　项</td><td colspan="2"></td></tr>
<tr><td>5</td><td>综合验收结论</td><td colspan="3"></td><td colspan="2"></td></tr>
<tr><td rowspan="2">参加验收单位</td><td>建设单位</td><td colspan="2">监理单位</td><td colspan="2">施工单位</td><td>设计单位</td></tr>
<tr><td>（公章）<br>单位（项目）负责人<br>年　月　日</td><td colspan="2">（公章）<br>总监理工程师<br>年　月　日</td><td colspan="2">（公章）<br>单位负责人<br>年　月　日</td><td>（公章）<br>单位（项目）负责人<br>年　月　日</td></tr>
</table>

7. 参加验收单位签名

勘察单位、设计单位、施工单位、监理单位、建设单位都同意验收时，其各单位的单位项目负责人要亲自签字，以示对工程质量的负责，并加盖单位公章，注明签字验收的年月日。

**表 9-6　　单位（子单位）工程质量控制资料核查记录**

<table>
<tr><td colspan="2">工程名称</td><td></td><td>施工单位</td><td colspan="3"></td></tr>
<tr><td>序号</td><td>项目</td><td colspan="2">资 料 名 称</td><td>份数</td><td>核查意见</td><td>核查人</td></tr>
<tr><td>1</td><td rowspan="12">建筑与结构</td><td colspan="2">图纸会审、设计变更、洽商记录</td><td></td><td></td><td rowspan="12"></td></tr>
<tr><td>2</td><td colspan="2">工程定位测量、放线记录</td><td></td><td></td></tr>
<tr><td>3</td><td colspan="2">原材料出厂合格证书及进场检（试）验报告</td><td></td><td></td></tr>
<tr><td>4</td><td colspan="2">施工试验报告及见证检测报告</td><td></td><td></td></tr>
<tr><td>5</td><td colspan="2">隐蔽工程验收记录</td><td></td><td></td></tr>
<tr><td>6</td><td colspan="2">施工记录</td><td></td><td></td></tr>
<tr><td>7</td><td colspan="2">预制构件、预拌混凝土合格证</td><td></td><td></td></tr>
<tr><td>8</td><td colspan="2">地基、基础、主体结构检验及抽样检测资料</td><td></td><td></td></tr>
<tr><td>9</td><td colspan="2">分项、分部工程质量验收记录</td><td></td><td></td></tr>
<tr><td>10</td><td colspan="2">工程质量事故及事故调查处理资料</td><td></td><td></td></tr>
<tr><td>11</td><td colspan="2">新材料、新工艺施工记录</td><td></td><td></td></tr>
<tr><td>12</td><td colspan="2"></td><td></td><td></td></tr>
<tr><td>1</td><td rowspan="8">给排水与采暖</td><td colspan="2">图纸会审、设计变更、洽商记录</td><td></td><td></td><td rowspan="8"></td></tr>
<tr><td>2</td><td colspan="2">材料、配件出厂合格证书及进场检（试）验报告</td><td></td><td></td></tr>
<tr><td>3</td><td colspan="2">管道、设备强度试验、严密性试验记录</td><td></td><td></td></tr>
<tr><td>4</td><td colspan="2">隐蔽工程验收记录</td><td></td><td></td></tr>
<tr><td>5</td><td colspan="2">系统清洗、灌水、通水、通球试验记录</td><td></td><td></td></tr>
<tr><td>6</td><td colspan="2">施工记录</td><td></td><td></td></tr>
<tr><td>7</td><td colspan="2">分项、分部工程质量验收记录</td><td></td><td></td></tr>
<tr><td>8</td><td colspan="2"></td><td></td><td></td></tr>
<tr><td>1</td><td rowspan="8">建筑电气</td><td colspan="2">图纸会审、设计变更、洽商记录</td><td></td><td></td><td rowspan="8"></td></tr>
<tr><td>2</td><td colspan="2">材料、设备出厂合格证书及进场检（试）验报告</td><td></td><td></td></tr>
<tr><td>3</td><td colspan="2">设备调试记录</td><td></td><td></td></tr>
<tr><td>4</td><td colspan="2">接地、绝缘电阻测试记录</td><td></td><td></td></tr>
<tr><td>5</td><td colspan="2">隐蔽工程验收记录</td><td></td><td></td></tr>
<tr><td>6</td><td colspan="2">施工记录</td><td></td><td></td></tr>
<tr><td>7</td><td colspan="2">分项、分部工程质量验收记录</td><td></td><td></td></tr>
<tr><td>8</td><td colspan="2"></td><td></td><td></td></tr>
</table>

续表

| 工程名称 | | | 施工单位 | | |
|---|---|---|---|---|---|
| 序号 | 项目 | 资 料 名 称 | 份数 | 核查意见 | 核查人 |
| 1 | 通风与空调 | 图纸会审、设计变更、洽商记录 | | | |
| 2 | | 材料、设备出厂合格证书及进场检（试）验报告 | | | |
| 3 | | 制冷、空调、水管道强度试验、严密性试验记录 | | | |
| 4 | | 隐蔽工程验收记录 | | | |
| 5 | | 制冷设备运行调试记录 | | | |
| 6 | | 通风、空调系统调试记录 | | | |
| 7 | | 施工记录 | | | |
| 8 | | 分项、分部工程质量验收记录 | | | |
| 9 | | | | | |
| 1 | 电梯 | 土建布置图纸会审、设计变更、洽商记录 | | | |
| 2 | | 设备出厂合格证书及开箱检验记录 | | | |
| 3 | | 隐蔽工程验收记录 | | | |
| 4 | | 施工记录 | | | |
| 5 | | 接地、绝缘电阻测试记录 | | | |
| 6 | | 负荷试验、安全装置检查记录 | | | |
| 7 | | 分项、分部工程质量验收记录 | | | |
| 8 | | | | | |
| 1 | 建筑智能化 | 图纸会审、设计变更、洽商记录、竣工图及设计说明 | | | |
| 2 | | 材料、设备出厂合格证及技术文件及进场检（试）验报告 | | | |
| 3 | | 隐蔽工程验收记录 | | | |
| 4 | | 系统功能测定及设备调试记录 | | | |
| 5 | | 系统技术、操作和维护手册 | | | |
| 6 | | 系统管理、操作人员培训记录 | | | |
| 7 | | 系统检测报告 | | | |
| 8 | | 分项、分部工程质量验收报告 | | | |
| 结论：<br><br>施工单位项目经理　　年　月　日　　　　总监理工程师（建设单位项目负责人）　　年　月　日 | | | | | |

**表 9-7　　单位（子单位）工程安全和功能检验资料核查及主要功能抽查记录**

| 工程名称 | | | | 施工单位 | | |
|---|---|---|---|---|---|---|
| 序号 | 项目 | 安全和功能检查项目 | 份数 | 核查意见 | 抽查结果 | 核查（抽查）人 |
| 1 | 建筑与结构 | 屋面淋水试验记录 | | | | |
| 2 | | 地下室防水效果检查记录 | | | | |
| 3 | | 有防水要求的地面蓄水试验记录 | | | | |
| 4 | | 建筑物垂直度、标高、全高测量记录 | | | | |
| 5 | | 抽气（风）道检查记录 | | | | |
| 6 | | 幕墙及外窗气密性、水密性、耐风压检测报告 | | | | |
| 7 | | 建筑物沉降观测测量记录 | | | | |
| 8 | | 节能、保温测试记录 | | | | |
| 9 | | 室内环境检测报告 | | | | |
| 10 | | | | | | |
| 1 | 给排水与采暖 | 给水管道通水试验记录 | | | | |
| 2 | | 暖气管道、散热器压力试验记录 | | | | |
| 3 | | 卫生器具满水试验记录 | | | | |
| 4 | | 消防管道、燃气管道压力试验记录 | | | | |
| 5 | | 排水干管通球试验记录 | | | | |
| 6 | | | | | | |
| 1 | 电气 | 照明全负荷试验记录 | | | | |
| 2 | | 大型灯具牢固性试验记录 | | | | |
| 3 | | 避雷接地电阻测试记录 | | | | |
| 4 | | 线路、插座、开关接地检验记录 | | | | |
| 5 | | | | | | |
| 1 | 通风与空调 | 通风、空调系统试运行记录 | | | | |
| 2 | | 风量、温度测试记录 | | | | |
| 3 | | 洁净室洁净度测试记录 | | | | |
| 4 | | 制冷机组试运行调试记录 | | | | |
| 5 | | | | | | |
| 1 | 电梯 | 电梯运行记录 | | | | |
| 2 | | 电梯安全装置检测报告 | | | | |
| 1 | 智能建筑 | 系统试运行记录 | | | | |
| 2 | | 系统电源及接地检测报告 | | | | |
| 3 | | | | | | |

结论：

施工单位项目经理　　　年　月　日　　　　总监理工程师（建设单位项目负责人）　　　年　月　日

注：抽查项目由验收组协商确定。

**表 9-8　　单位（子单位）工程观感质量检查记录**

| 工程名称 | | | 施工单位 | | | |
|---|---|---|---|---|---|---|
| 序号 | 项　　目 | | 抽查质量状况 | 质量评价 | | |
| | | | | 好 | 一般 | 差 |
| 1 | 建筑与结构 | 室外墙面 | | | | |
| 2 | | 变形缝 | | | | |
| 3 | | 水落管、屋面 | | | | |
| 4 | | 室内墙面 | | | | |
| 5 | | 室内顶棚 | | | | |
| 6 | | 室内地面 | | | | |
| 7 | | 楼梯、踏步、护栏 | | | | |
| 8 | | 门窗 | | | | |
| 1 | 给排水与采暖 | 管道接口、坡度、支架 | | | | |
| 2 | | 卫生器具、支架、阀门 | | | | |
| 3 | | 检查口、扫除口、地漏 | | | | |
| 4 | | 散热器、支架 | | | | |
| 1 | 建筑电气 | 配电箱、盘、板、接线盒 | | | | |
| 2 | | 设备器具、开关、插座 | | | | |
| 3 | | 防雷、接地 | | | | |
| 1 | 通风与空调 | 风管、支架 | | | | |
| 2 | | 风口、风阀 | | | | |
| 3 | | 风机、空调设备 | | | | |
| 4 | | 阀门、支架 | | | | |
| 5 | | 水泵、冷却塔 | | | | |
| 6 | | 绝热 | | | | |
| 1 | 电梯 | 运行、平层、开关门 | | | | |
| 2 | | 层门、信号系统 | | | | |
| 3 | | 机房 | | | | |
| 1 | 智能建筑 | 机房设备安装及布局 | | | | |
| 2 | | 现场设备安装 | | | | |
| 3 | | | | | | |
| 观感质量综合评价 | | | | | | |
| 检查结论 | 总监理工程师<br>施工单位项目经理　　年　月　日　　（建设单位项目负责人）　　年　月　日 | | | | | |

注：质量评价为差的项目，应进行返修。

## 9.6　当建筑工程质量不符合要求时的处理

施工质量不符合要求的现象应在检验批验收时及时发现并妥善处理，所有质量隐患必须尽快消灭在初始状态，否则将影响后续检验批和相关的分项工程、分部工程的验收。《统一标准》规定了建筑工程质量不符合要求时的五种处理方法，前三种是能通过正常验收的。第四种是特殊情况的处理，虽达不到验收规范的要求，但经过加固补强等措施能保证结构安全或使用功能，建设单位与施工单位可以协商，根据协商文件进行验收，是让步接受或有条件验收。第五种情况是不能验收，通常这样的事故是发生在检验批。造成不符合规定的原因很多，如操作技术方面的，管理不善方面的，还有材料质量方面的。因此，一旦发现工程质量任何一项不符合规定时，必须及时组织有关人员，查找分项原因，并按有关技术管理规定，通过有关方面共同商定补救方案，及时进行处理。经处理后，可进行质量验收。当建筑工程质量不符合要求时可按下述规定进行处理：

(1) 经返工重做或更换器具、设备的检验批，应重新进行验收。

在检验批验收时，其主控项目不能满足验收规范规定或一般项目超过偏差限值的子项不符合检验规定的要求时，处理后应重新进行检验。其中，有严重的缺陷应推倒重来，一般的缺陷通过返修或更换器具、设备予以解决，应允许施工单位在采取相应措施后重新验收。如能够符合相应的专业工程质量验收规范，则应认为该检验批合格。

(2) 经有资质的检测单位检测鉴定能够达到设计要求的检验批，应予以验收。

这种情况是指当个别检验批发现如试块强度等质量不满足要求，难以确定是否验收时，应请具有资质的法定检测单位检测。当鉴定结果能够达到设计要求时，该检验批应允许通过验收。

(3) 经有资质的检测单位检测鉴定达不到设计要求，但经原设计单位核算认可能够满足安全和使用功能的检验批，可予以验收。

一般情况下，规范标准给出了满足安全和功能的最低限度要求，而设计往往在此基础上留有一些余量，出现两者限值不完全相符的现象。如原设计计算混凝土强度为 25MPa，而选用了 C30 级混凝土，经检测的结果是 26MPa，虽未达到 C30 级的要求，但仍能大于 25MPa 是安全的。这种情况下，有设计单位出具正式的认可证明，由注册结构工程师签字，并加盖单位公章，质量责任由设计单位承担，可进行验收。

(4) 经返修或加固处理的分项、分部工程，虽然改变外形尺寸但仍能满足安全使用要求，可按技术处理方案和协商文件进行验收。

工程质量缺陷或范围经法定检测单位检测鉴定以后，认为达不到规范标准的相应要求，即不能满足最低限度的安全储备和使用功能，则必须按一定的技术方案进行加固处理，使之能保证其满足安全使用的基本要求。经过验算和事故分析，找出事故原因，分清质量责任，同时，经过建设单位、施工单位、监理单位、设计单位等协商，是否同意进行加固补强，并协商好加固费用的来源，加固后的验收等事宜，由原设计单位出具加固方案，通常由原施工单位进行加固，虽然改变了个别建筑构件的外形尺寸，或留下永久性缺陷，包括改变工程的用途在内，应按协商文件验收，也是有条件的验收，由责任方承担经济损失或赔偿等。这种情况实际是工程质量达不到验收规范的合格规定，应算在不合格的范围。但在《建筑工程质量管理条例》的第 24 条、第 32 条等条都对不合格的处理作了规定，根据这些条款，提出技术处理方案（包括加固补强），最后能达到标准安全和使用功能，也是可以通过验收的。为了避免造成巨大经济损失，不能将出了质量事故的工程都推倒报废，只要能保证结构安全和使用功能的，仍作为特殊情况进行验收。

（5）通过返修或加固处理仍不能满足安全使用要求的分部（子分部）工程、单位（子单位）工程，严禁验收。

（6）做好原始记录。

经处理的工程必须有详尽的记录资料，包括处理方案等原始数据应齐全、准确，原始记录资料能确切说明问题的演变过程和结论，这些资料不仅应纳入工程质量验收资料中，还应纳入单位工程质量施工处理资料中。对协商验收的有关资料，要经监理单位的总监理工程师签字验收，并将资料归纳在竣工资料中，以便在工程使用、管理、维修及改建、扩建时作为参考依据等。

## 9.7 工程质量竣工验收与资料备案方法

### 9.7.1 施工项目竣工验收条件

根据《建设工程质量管理条例》第 16 条规定，建设工程竣工验收应当具备下列条件：

（1）完成建设工程设计和合同规定的各项内容。

（2）有完整的技术档案和施工管理资料。

（3）有工程使用的主要建筑材料、建筑构配件和设备的进场试验报告。

（4）有勘察、设计、施工、工程监理等单位分别签署的质量合格文件。

（5）有施工单位签署的工程质量保修书。

### 9.7.2 施工项目竣工验收标准

建筑施工项目的竣工验收标准有三种情况：

（1）生产性或科研性建筑施工项目验收标准：土建工程、水、暖、电气、卫生、通风工程（包括其室外的管线）和属于该建筑物组成部分的控制室、操作室、设备基础、生活间及烟囱等，均已全部完成，即只有工艺设备尚未安装的，即可视为房屋承包单位的工作达到竣工标准，可进行竣工验收。这种类型建筑工程竣工的基本概念是：一旦工艺设备安装完毕，即可试运转乃至投产使用。

（2）民用建筑（即非生产科研性建筑）和居住建筑施工项目验收标准：土建工程、水、暖、电气、通风工程（包括其室外的管线），均已全部完成，电梯等设备也已完成，达到水到灯亮，具备使用条件，即达到竣工标准，可以组织竣工验收。这种类型建筑工程竣工的基本概念是：房屋建筑能交付使用，住宅能够住人。

（3）具备下列条件的建筑工程施工项目，也可按达到竣工标准处理。

一是房屋室外或小区内管线已经全部完成，但属于市政工程单位承担的干管干线尚未完成，因而造成房屋尚不能使用的建筑工程，房屋承包单位可办理竣工验收手续。二是房屋工程已经全部完成，只是电梯尚未到货或晚到货而未安装，或虽已安装但不能与房屋同时使用，房屋承包单位也可办理竣工验收手续。三是生产性或科研性房屋建筑已经全部完成，只是因为主要工艺设计

变更或主要设备未到货，因而剩下设备基础未做的，房屋承包单位也可办理竣工验收手续。

凡是具有以下情况的建筑工程，一般不能算为竣工，也不能办理竣工验收手续：

(1) 房屋建筑工程已经全部完成并完全具备了使用条件，但被施工单位临时占用而未腾出，不能进行竣工验收。

(2) 整个建筑工程已经全部完成，只是最后一道浆活未做，不能进行竣工验收。

(3) 房屋建筑工程已经完成，但由于房屋建筑承包单位承担的室外管线并未完成，因而房屋建筑仍不能正常使用，不能进行竣工验收。

(4) 房屋建筑工程已经完成，但与其直接配套的变电室、锅炉房等尚未完成，因而使房屋建筑仍不能正常使用，不能进行竣工验收。

(5) 工业或科研性的建筑工程，有下列情况之一的，也不能进行竣工验收：因安装机器设备或工艺管道而使地面或主要装修尚未完成；主建筑的附属部分，如生活间、控制室尚未完成；烟囱尚未完成。

### 9.7.3　竣工验收管理程序

竣工验收准备→编制竣工验收计划→组织现场验收→进行竣工结算→移交竣工资料→办理竣工手续。

### 9.7.4　竣工验收准备

(1) 建立竣工收尾工作小组，做到因事设岗，以岗定责，实现收尾的目标。该小组由项目经理、技术负责人、质量人员、计划人员、安全人员组成。

(2) 编制一个切实可行、便于检查考核的施工项目竣工收尾计划，该计划可按表 9-9 编制。

**表 9-9　　施工项目竣工收尾计划表**

| 序号 | 收尾工程名称 | 施工简要内容 | 收尾完工时间 | 作业班组 | 施工负责人 | 完成验证人 |
|---|---|---|---|---|---|---|
| | | | | | | |
| | | | | | | |
| | | | | | | |
| | | | | | | |

项目经理：　　　　技术负责人：　　　　编制人：

(3) 项目经理部要根据施工项目竣工收尾计划，检查其收尾的完成情况，要求管理人员做好验收记录，对重点内容重点检查，不使竣工验收留下隐患和遗憾而造成返工损失。

(4) 项目经理部完成各项竣工收尾计划，应向企业报告，提请有关部门进行质量验收，对照标准进行检查。各种记录应齐全、真实、准确。需要监理工程师签署的质量文件，应提交其审核签认。实行总分包的项目，承包人应对工程质量全面负责，分包人应按质量验收标准的规定对承包人负责，并将分包工程验收结果及有关资料交承包人。承包人与分包人对分包工程质量承担连带责任。

(5) 承包人经过验收，确认可以竣工时，应向发包人发出竣工验收函件，报告工程竣工准备情况，具体约定交付竣工验收的方式及有关事宜。

### 9.7.5 竣工验收步骤

1. 竣工自验（或竣工预验）

（1）施工单位自验的标准与正式验收一样，主要是工程是否符合国家（或地方政府主管部门）规定的竣工标准和竣工规定，工程完成情况是否符合施工图纸和设计的使用要求，工程质量是否符合国家和地方政府规定的标准和要求，工程是否达到合同规定的要求和标准等。

（2）参加自验的人员，应由项目经理组织生产、技术、质量、合同、预算以及有关的作业队长（或施工员、工号负责人）等共同参加。

（3）自验的方式，应分层分段、分房间地由上述人员按照自己主管的内容逐一进行检查。在检查中要做好记录。对不符合要求的部位和项目，确定修补措施和标准，并指定专人负责，定期修理完毕。

（4）复验。在基层施工单位自我检查的基础上，对查出的问题全部修补完毕后，项目经理应提请上级进行复验（按一般习惯，国家重点工程、省市级重点工程，都应提请总公司级的上级单位复验）。通过复验，要解决全部遗留问题，为正式验收做好充分的准备。

2. 正式验收

在自验的基础上，确认工程全部符合竣工验收的标准，即可由施工单位同建设单位、设计单位、监理单位共同开始正式验收工作

（1）发出《工程竣工报告》。施工单位应于正式竣工验收之日前10天，向建设单位发送《工程竣工报告》。其格式见表9-10。

**表9-10　　工程竣工报告**

<table>
<tr><td colspan="2">工程名称</td><td></td><td>建筑面积</td><td></td></tr>
<tr><td colspan="2">工程地址</td><td></td><td>结构类型</td><td></td></tr>
<tr><td colspan="2">建设单位</td><td></td><td>开、竣工日期</td><td></td></tr>
<tr><td colspan="2">设计单位</td><td></td><td>合同工期</td><td></td></tr>
<tr><td colspan="2">施工单位</td><td></td><td>造价</td><td></td></tr>
<tr><td colspan="2">监理单位</td><td></td><td>合同编号</td><td></td></tr>
<tr><td rowspan="6">竣工条件自检情况</td><td colspan="2">项　目　内　容</td><td colspan="2">施工单位自查意见</td></tr>
<tr><td colspan="2">工程设计和合同约定的各项内容完成情况</td><td colspan="2"></td></tr>
<tr><td colspan="2">工程技术档案和施工管理资料</td><td colspan="2"></td></tr>
<tr><td colspan="2">工程所用建筑材料、建筑配件、商品混凝土和设备的进场试验报告</td><td colspan="2"></td></tr>
<tr><td colspan="2">涉及工程结构安全的试块、试件及有关材料的试（检）验报告</td><td colspan="2"></td></tr>
<tr><td colspan="2">地基与基础、主体结构等重要分部（分项）工程质量验收报告签证情况</td><td colspan="2"></td></tr>
</table>

续表

<table>
<tr><td rowspan="5">竣工条件自检情况</td><td>项　目　内　容</td><td>施工单位自查意见</td></tr>
<tr><td>建设行政主管部门、质量监督机构或其他有关部门责令整改问题的执行情况</td><td></td></tr>
<tr><td>单位工程质量自检情况</td><td></td></tr>
<tr><td>工程质量保修书</td><td></td></tr>
<tr><td>工程款支付情况</td><td></td></tr>
<tr><td colspan="3">经检验，该工程已完成设计和合同约定的各项内容，工程质量符合有关法律、法规和工程建设强制性标准。<br>项目经理：<br>企业技术负责人：　　　　（施工单位公章）<br>法定代表人：　　　年　月　日</td></tr>
<tr><td colspan="3">监理单位意见：<br>总监理工程师：　　（公章）<br>年　月　日</td></tr>
</table>

（2）组织验收工作。工程竣工验收工作由建设单位邀请设计单位、监理单位及有关方面参加，同施工单位一起进行检查验收。列为国家重点工程的大型建设项目，往往由国家有关部委邀请有关方面参加，组成工程验收委员会，进行验收。

（3）签发《工程竣工验收报告》并办理工程移交。在建设单位验收完毕确认工程竣工标准和合同条款规定要求以后，即应向施工单位签发《工程竣工验收报告》，其格式见表 9-11。

**表 9-11　　　　工程竣工验收报告**

<table>
<tr><td rowspan="9">工程概况</td><td>工程名称</td><td></td><td>建筑面积</td><td>$m^2$</td></tr>
<tr><td>工程地址</td><td></td><td>结构类型</td><td></td></tr>
<tr><td>层数</td><td>地上　层，地下　层</td><td>总高</td><td>m</td></tr>
<tr><td>电梯</td><td>台</td><td>自动扶梯</td><td>台</td></tr>
<tr><td>开工日期</td><td></td><td>竣工验收日期</td><td></td></tr>
<tr><td>建设单位</td><td></td><td>施工单位</td><td></td></tr>
<tr><td>勘察单位</td><td></td><td>监理单位</td><td></td></tr>
<tr><td>设计单位</td><td></td><td>质量监督单位</td><td></td></tr>
<tr><td>工程完成设计与合同所约定内容情况</td><td></td><td>建筑面积</td><td></td></tr>
<tr><td>验收组织形式</td><td colspan="4"></td></tr>
</table>

续表

<table>
<tr><td>验收组组成情况</td><td>专业<br>建筑工程<br>采暖卫生和燃气工程<br>建筑电气安装工程<br>通风与空调工程<br>电梯安装工程<br>工程竣工资料审查</td><td></td></tr>
<tr><td>竣工验收程序</td><td colspan="2"></td></tr>
<tr><td rowspan="2">工程竣工验收意见</td><td colspan="2">建设单位执行基本建设程序情况：</td></tr>
<tr><td colspan="2">对工程勘察、设计、监理等方面的评价：</td></tr>
<tr><td colspan="3">项目负责人　　　　（公章）<br>建设单位　　　　年　月　日</td></tr>
<tr><td colspan="3">勘察负责人　　　　（公章）<br>勘察单位　　　　年　月　日</td></tr>
<tr><td colspan="3">设计负责人　　　　（公章）<br>设计单位　　　　年　月　日</td></tr>
<tr><td colspan="3">项目经理　　　　（公章）<br>企业技术负责人　　　　施工单位　　　　年　月　日</td></tr>
<tr><td colspan="3">总监理工程师　　　　（公章）<br>监理单位　　　　年　月　日</td></tr>
<tr><td colspan="3">工程质量综合验收附件：<br>1. 勘察单位对工程勘察文件的质量检查报告；<br>2. 设计单位对工程设计文件的质量检查报告；<br>3. 施工单位对工程施工质量的检查报告，包括：单位工程、分部工程质量自检记录，工程竣工资料目录自查表，建筑材料、建筑构配件、商品混凝土、设备的出厂合格证和进场试验报告的汇总表，涉及工程结构安全的试块、试件及有关材料的试（检）验报告汇总表和强度合格评定表，工程开、竣工报告；<br>4. 监理单位对工程质量的评估报告；<br>5. 地基与基础、主体结构分部工程以及单位工程质量验收记录；<br>6. 工程有关质量检测和功能性试验资料；<br>7. 建设行政主管部门、质量监督机构责令整改问题的整改结果；<br>8. 验收人员签署的竣工验收原始文件；<br>9. 竣工验收遗留问题的处理结果；<br>10. 施工单位签署的工程质量保修书；<br>11. 法律、规章规定必须提供的其他文件</td></tr>
</table>

（4）办理工程档案资料移交。

（5）办理工程移交手续。

在对工程检查验收完毕后，施工单位要向建设单位逐项办理移交手续和其他固定资产移交手续，并应签认交接验收证书，还要办理工程结算手续。工程结算由施工单位提出，送建设单位审查无误后，由双方共同办理结算签认手续。工程结算手续一旦办理完毕，合同双方除施工单位承担工程保修工作以外，建设单位同施工单位双方的经济关系和法律责任即予解除。

### 9.7.6　施工项目竣工资料（见表 9 - 12）

**表 9 - 12**　　**竣 工 资 料 表**

| 资料项目 | 内　容 |
| --- | --- |
| 工程技术档案资料 | （1）开工报告、竣工报告；（2）项目经理技术人员聘任文件；（3）施工组织设计；（4）图纸会审记录；（5）技术交底记录；（6）设计变更通知；（7）技术核定单；（8）地质勘察报告；（9）定位测量记录；（10）基础处理记录；（11）沉降观测记录；（12）防水工程抗渗试验记录；（13）混凝土浇筑令；（14）商品混凝土供应记录；（15）工程复核记录；（16）质量事故处理记录；（17）施工日志；（18）建设工程施工合同，补充协议；（19）工程质量保修书；（20）工程预（结）算书；（21）竣工项目一览表；（22）施工项目总结算 |
| 工程质量保证资料：<br>·土建工程主要质量保证资料 | （1）钢出厂合格证、试验报告；（2）焊接试（检）验报告、焊条（剂）合格证；（3）水泥出厂合格证或报告；（4）砖出厂合格证或试验报告；（5）防水材料合格证或试验报告；（6）构件合格证；（7）混凝土试块试验报告；（8）砂浆试块试验报告；（9）土壤试验、打（试）桩记录；（10）地基验槽记录；（11）结构吊装、结构试验记录；（12）工程隐蔽验收记录；（13）中间交接验收记录等。 |
| ·建筑采暖卫生与煤气主要质量保证资料 | （1）材料、设备出厂合格证；（2）管道、设备强度、焊口检查和严密性试验记录；（3）系统清洗记录；（4）排水管灌水、通水、通球试验记录；（5）卫生洁具盛水试验记录；（6）锅炉烘炉、煮炉、设备试运转记录等。 |
| ·建筑电气安装主要质量保证资料 | （1）主要电气设备、材料合格证；（2）电气设备试验、调整记录；（3）绝缘、接地电阻测试记录；（4）隐蔽工程验收记录等。 |
| ·通风与空调工程主要质量保证资料 | （1）材料、设备出厂合格证；（2）空调调试报告；（3）制冷系统检验、试验记录；（4）隐蔽工程验收记录等。 |
| ·电梯安装工程主要质量保证资料 | （1）电梯及附件、材料合格证；（2）绝缘、接地电阻测试记录；（3）空、满、超载运行记录；（4）调整、试验报告等 |
| 工程质量验收资料 | （1）质量管理体系检查记录；（2）分项工程质量验收记录；（3）分部工程质量验收记录；（4）单位工程竣工质量验收记录；（5）质量控制资料检查记录；（6）安全与功能检验资料核查及抽查记录；（7）观感质量综合检查记录 |
| 工程竣工图 | 应逐张加盖"竣工图"章。"竣工图"章的内容应包括：发包人、承包人、监理人等单位名称、图纸编号、编制人、审核人、负责人、编制时间等。编制时间应区别以下情况：<br>（1）没有变更的施工图，由承包人在原施工图上加盖"竣工图"章标志作为竣工图。<br>（2）在施工中虽有一般性设计变更，但就原施工图加以修改补充作为竣工图的，可不重新绘制，由承包人在原施工图上注明修改部分，附以设计变更通知单和施工说明，加盖"竣工图"章标志作为竣工图。<br>（3）结构形式改变、工艺改变、平面布置改变、项目改变以及其他重大改变，不宜在原施工图上修改、补充的，责任单位应重新绘制改变后的竣工图，承包人负责在新图上加盖"竣工图"章标志作为竣工图 |

## 9.8 问题讨论

**【例 9-1】** 砂的验收有哪些规定?

**【解答】** (1) 验收批的划分：用大型运输工具时，以 400m³ 或 600t 为一验收批，用小型工具运输时，以 200m³ 或 300t 为一验收批，不足上述数量以一批论。

(2) 试验项目：

1) 颗粒级配、含泥量和泥块含量检验。海砂还应进行氯离子含量检验。

2) 其他试验项目：密度、有害物质含量、坚固性、碱活性检验、含水率等。

3) 当质量比较稳定，进料量又较大时，可定期检验。使用新产源的砂时，应进行全部检验。

(3) 单项试验取样数量：单项试验的最少数量应符合表 9-13 的规定。作几项试验时，如确定能保证试样经一项试验后不致影响另一项试验的结果，可用同一试样进行不同的试验。

**表 9-13　　单项试验取样数量**

| 序号 | 试验项目 | | 最少取样数量/kg |
|---|---|---|---|
| 1 | 颗粒级配 | | 4.4 |
| 2 | 含泥量 | | 4.4 |
| 3 | 石粉含量 | | 6.0 |
| 4 | 泥块含量 | | 20.0 |
| 5 | 云母含量 | | 0.6 |
| 6 | 轻物质含量 | | 3.2 |
| 7 | 有机物含量 | | 2.0 |
| 8 | 硫化物与硫酸盐含量 | | 0.6 |
| 9 | 氯化物含量 | | 4.4 |
| 10 | 坚固性 | 天然砂 | 8.0 |
| | | 人工砂 | 20.2 |
| 11 | 表观密度 | | 2.6 |
| 12 | 堆积密度与空隙率 | | 5.0 |
| 13 | 碱集料反应 | | 20.0 |

(4) 取样。

1) 在料堆上取样时，取样部位应均匀分布。取样前先将取样部位表层铲除，然后从不同部位抽取大致等量的砂 8 份，组成一组样品。

2) 从皮带运输机上取样时，应用接料器在皮带运输机机尾的出料处定时抽取大致等量的砂 4 份，组成一组样品。

3) 从火车、汽车、货船上取样时，从不同部位和深度抽取大致等量的砂 8 份，组成一

组样品。

(5) 取样时，每验收批取样部位应均匀分布，将表面层铲除，然后由 8 个部位取大致等量的砂，组成一组样品。

缩分：人工四分法缩分至 20kg。将所取每组样品置于平板上，在潮湿状态下拌和均匀，堆成厚度约 20mm 的“圆饼”。然后沿互相垂直的两条直径把“圆饼”分成四等份，取对角两份重新拌匀，再堆成“圆饼”，重新再分。直到缩分后的材料量略多于进行试验所需量为止。也可用分料器缩分。

砂的堆积密度和紧密密度及含水率所用试样可不经缩分，在拌匀后直接进行试验。

注：若检验不合格时，应重新取样。对不合格项应加倍复验，若仍有一个试样不能满足标准要求，应按不合格品处理。

(6) 检验报告内容：委托单位、样品编号、工程名称、样品产地和名称、代表数量、检测条件、检测依据、检测结果和结论等。

**【例 9 - 2】** 模板工程应满足混凝土施工哪些基本要求？

**【解答】** 为保证混凝土结构工程质量和施工安全，加快施工进度、降低工程造价，混凝土验收规范对模板工程提出四点基本要求。

(1) 保证混凝土结构、构件尺寸和相互位置正确，保证混凝土表面质量。要求模板平面位置、标高、形状和截面尺寸符合设计要求，混凝土浇筑完毕后，上述位置、标高、形状和截面尺寸不超出允许偏差范围。

(2) 具有足够的承载能力、刚度和稳定性。能可靠地承受在正常施工和正常使用时可能出现的各种作用力，不致出现倾覆、失稳等。

(3) 构造简单、装拆方便。便于钢筋的连接与安装和混凝土的浇筑及养护等要求。因为构造简单，则受力明确，容易加工，适合集中制造，节约原材料。装拆方便，减轻劳动强度，提高工效，加快施工进度。

(4) 模板接缝严密不漏浆。对于接缝不符合要求处应及时采取可靠的处理方法以保证不漏浆。

**【例 9 - 3】** 模板拆除顺序和方法有何要求？

**【解答】** 拆除模板时必须确保混凝土结构安全和外观质量：

(1) 拆模顺序。一般情况下是先装后拆，后装先拆。先拆除承重较小部位的模板及其支架，然后拆除其他部位的模板及支架。

1) 普通模板：一般先拆非承重模板，后拆承重模板，先拆侧模，后拆底模。

2) 大型结构模板：必须按预先制订的施工技术方案进行。

3) 框架模板：一般是先拆柱模，再拆楼板模，然后拆梁侧模，最后拆梁底板模。

4) 楼梯模板：拆模顺序是梯级板→梯级侧板→梯板侧板→梯板底板。

5) 发现问题处理。在拆除模板过程中，不应对楼层形成冲击荷载。如发现混凝土出现异常现象，可能影响混凝土结构的安全和质量等问题时，应立即停止拆模，并经处理认证后方可继续拆模。

6) 冬期施工。模板与保温层应在混凝土冷却到 5℃后方可拆模。当混凝土与外界温差大于 20℃时，拆模后应对混凝土表面采取保温措施，如加临时覆盖，使其缓慢冷却等。

（2）拆模操作工艺和方法。

1）柱模板。单块组拼应先拆除钢楞、柱箍和对拉螺栓等连接、支撑件，再由上而下逐步拆除。预组拼的则应先拆除两个对角的卡件，并作临时支撑后，再拆除另两个对角的卡件，待吊钩挂好，拆除临时支撑，方能脱模起吊。

2）墙模板。单块组拼的，在拆除对拉螺栓、大小钢楞和连接件后，从上而下逐步拆除。预组拼的应在挂好吊钩，检查所有连接件是否拆除后，方能拆除临时支撑脱模起吊。对拉螺栓拆除时，可将对拉螺栓凹进墙面5mm切断，也可在混凝土内加埋套管，将对拉螺栓从套管中抽出重复作用。

3）梁、楼板模板。

①应先拆梁侧模，再拆楼板底模，最后拆除梁底模。拆除跨度较大的梁下支柱时，应先从跨中开始分别拆向两端。

②多层楼板模板和支柱的拆除，应按下列要求进行：上层楼板正在浇筑混凝土时，下一层楼板的模板支柱不得拆除，再下一层模板的支柱，仅可拆除一部分，跨度4m及4m以上的梁下均应保留支柱，其间距不得大于3m。

**【例9-4】** 结构实体钢筋保护层厚度如何检验？合格条件是什么？

**【解答】**（1）结构实体钢筋保护层厚度检验。

1）钢筋保护层厚度检验的结构部位和构件数量，应符合下列要求：

①钢筋保护层厚度检验的结构部位，应由监理（建设）、施工等各方根据结构构件的重要性共同选定。

②对梁类、板类构件，应各抽取构件数量的2%且不少于5个构件进行检验。当有悬挑构件时，抽取的构件中悬挑梁类、板类构件所占比例均不宜小于50%。

2）对选定的梁类构件，应对全部纵向受力构件的保护层厚度进行检验。对选定的板类构件，应抽取不少于6根纵向受力钢筋的保护层厚度进行检验。对每根钢筋，应在有代表性的部位测量1点。

3）钢筋保护层厚度的检验，可采用非破损或局部破损的方法，也可采用非破损方法和局部破损方法并用进行校准。但采用非破损方法检验时，所使用的检测仪器应经过计量检验，检测操作应符合相应规程的规定。钢筋保护层厚度检验的检测误差不应大于1mm。

4）钢筋保护层厚度检验时，纵向受力钢筋保护层厚度的允许偏差，对梁类构件为＋10mm，－7mm，对板类构件为＋8mm，－5mm。

5）对梁类、板类构件纵向受力构件的保护层厚度应分别进行验收。

（2）合格条件。结构实体钢筋保护层厚度验收合格应符合下列规定：

1）当全部钢筋保护层厚度检验的合格点率为90%及以上时，钢筋保护层厚度的检验结果应判为合格。

2）当全部钢筋保护层厚度检验的合格点率小于90%但不小于80%时，可再抽取相同数量的构件进行检验。当按两次抽样总和计算的合格点率为90%及以上时，钢筋保护层厚度的检验结果仍应判为合格。

3）每次抽样检验结果中不合格点的最大偏差均不应大于本条（1）之④规定允许偏差的1.5倍。

**【例 9-5】** 对由不合格混凝土制成的结构或构件以及对混凝土试件强度代表性有怀疑时，应如何处理？

**【解答】**（1）由不合格混凝土制成的结构或构件，应进行鉴定。对不合格的结构或构件必须及时处理。

（2）当对混凝土试件强度的代表性有怀疑时，可采用从结构或构件中钻取试件的方法或采用非破损检验方法，按有关标准的规定对结构或构件中混凝土强度进行推定。

（3）结构或构件拆模、出池、出厂、吊装、预应力筋张拉或放张，以及施工期间需短暂负荷时的混凝土强度，应满足设计要求或现行国家标准的有关规定。

**【例 9-6】** 当未取得同条件养护试件强度，同条件养护试件被判为不合格或钢筋保护层厚度不满足要求时，应如何处理？

**【解答】** 当未能取得同条件养护试件强度，同条件养护试件被判为不合格或钢筋保护层厚度不满足要求时，应委托具有相应资质等级的检测机构按国家有关标准的规定进行检测。

随着检测技术的发展，已有相当多的方法可以检测混凝土强度和钢筋保护层厚度。实际应用时，可根据国家现行有关标准采用回弹法、超声波回弹综合法、钻芯法、后装拔出法等检测混凝土强度，可优先选择非破损检验方法，以减少检测工作量，当然还可以辅以局部破损检测方法。当采用局部破损检验方法时，检测完成后应及时修补，以免影响结构性能及使用功能。

必要时，可根据实际情况和合同的规定，进行实体的结构性能检验。

**【例 9-7】** 混凝土标养试件的取样频数在 $1000m^3$ 前为每 $100m^3$ 一次，超过以后为每 $200m^3$ 一次。这样，当浇筑量为 $1000m^3$ 时需取样 10 次，而当浇筑量为 $1050m^3$ 时仅需取样 6 次，是否有问题？

**【解答】**《混凝土结构工程施工质量验收规范》(GB 50204—2002) 7.4.1 条规定：“每拌制 100 盘且不超过 $1000m^3$ 的同配合比的混凝土，取样不得少于一次；当一次连续浇筑超过 $1000m^3$ 时，同一配合比的混凝土每 $200m^3$ 取样不得少于一次。”

对此应该作如下理解：不是指超过 $1000m^3$ 时总体上每 $200m^3$ 取样一次，而是指对超出 $1000m^3$ 的部分每 $200m^3$ 取样一次。因此，对于连续生产的 $1050m^3$ 混凝土，取样共 11 次（而不是问题中的 6 次）。在达到 $1000m^3$ 之前，每 $100m^3$ 取样一次，共 10 次；超出 $1000m^3$ 的 $50m^3$ 取样一次（不足 $200m^3$ 时也按一次考虑），共计 11 次。同样，如连续生产 $1200m^3$，则是抽样 11 次，而不是 12 次。

**【例 9-8】** 在砌体工程中，墙面的垂直度属主控项目，其允许偏差应全部符合规范的规定。但由于工程中所使用的砖的外形尺寸的不规则往往有超标问题出现。对此如何对待？

**【解答】**《砌体工程施工质量验收规范》(GB 50203—2002) 3.0.14 条规定：“砌体工程检验批验收时，其主控项目应全部符合本规范的规定……”，对墙砌体垂直度（每层）的检查方法是用 2m 托线板检查。对此，在检查时应注意以下几点：

（1）垂直度检查所选择的墙面应是砌墙时挂线一侧，即 240mm 墙面应为瓦工的正手面，370mm 及以上墙面可为任一面墙面。

（2）测量点不应选择在明显凹进或凸出的个别砖块处，应是具有代表性的砖块处。因墙面的凹凸不平状态将由“表面平整度”指标表示。

如果采用正常的检查方法，使墙面垂直度超过允许偏差时，应按照《建筑工程施工质量统一验收标准》5.0.6 条的规定进行处理。

**【例 9-9】** 《砌体工程施工质量验收规范》（GB 50203—2002）第 9.3.7 条规定，填充墙砌至接近梁、板底时，应留一定空隙，待填充墙砌筑完成并应至少间隔 7d 后，再将其补砌挤紧。该规定较好地解决了填充墙顶部与梁、板交接处的水平裂缝这以质量通病。那么，填充墙与相邻的柱、墙连接处，是否需要采取抗裂处理措施？

**【解答】** 《砌体工程施工质量验收规范》（GB 50203—2002）第 9.3.7 条所指“一定空隙”及其补砌，属于填充墙的砌筑施工内容，因此应予明确。对填充墙与相邻的柱、墙连接处，由于材料的收缩，常会出现粉刷层产生裂缝。对此，在施工中除应按设计要求设置好拉结筋外，当采用蒸压加气混凝土砌块、轻骨料混凝土小型空心砌块砌筑时，其产品龄期应超过 28d。加气混凝土砌块应防止雨淋等规定，也有益于控制砌体的收缩裂缝。砌体砌筑工序完成后，将进入砌体建筑装饰装修工程，在《建筑装饰装修工程质量验收规范》（GB 20210—2001）的抹灰分项工程中，对不同材料基体交接处表面的抹灰，为防止开裂作出了加强措施的规定，详见该规范第 4.2.4 条。

**【例 9-10】** 如何正确测量高聚物改性沥青防水卷材的厚度？

**【解答】** 应用 10mm 直径接触面，单位面积压力为 0.02MPa，分度值为 0.01mm 的厚度计测量，保持时间 5s。沿卷材宽度方向裁取 50mm 宽的卷材一条（50mm×1000mm），在宽度方向测量 5 点，距卷材长度边缘 150±15mm 向内各取一点，在两点中均分取其余 3 点。对砂面卷材必须清除浮砂后再进行测量，记录测量值。计算 5 点的平均值作为该卷材的厚度，以所抽取卷材数量的卷材厚度的总平均值作为该卷材的厚度，并报告最小值。对自粘卷材应按上述规定进行，扣除自粘材料的厚度，并避开折皱处。

**【例 9-11】** 如何正确测量合成高分子防水卷材的厚度？

**【解答】** 均质片材应使用 6mm 直径接触面，单位面积压力为 22±2kPa，分度值为 0.01mm 的厚度计测量，保持时间为 5s。自卷材端部起裁去 300mm，再从其截断处的 20mm 内侧，且宽度方向距两边各 10%宽度范围内取两个点，在两点中均分取其余 3 点，共 5 点进行厚度测量，计算 5 点的平均值作为该卷材的厚度，并报告最小值。复合片材（带织物加强层）按上述规定在 5 点处各取一块 50mm×50mm 试样，在每块试样上沿宽度方向用极薄的锋利刀片垂直于试样光面切取一条约 50mm×2mm 的试条（不得使试条的切面变形），将试条的切面向上，置于读数显微镜（最小分度值 0.01mm）的试样面上，读取卷材（不包括织物加强层）的厚度。每个试条上测量 4 处，厚度以 5 个试条共 20 处数值的平均值表示，并报告 20 处的最小值。

**【例 9-12】** 屋面和地下防水工程检验批的划分原则是什么？

**【解答】** 屋面工程可按不同楼层屋面划分不同的检验批。对于同一楼层屋面不得按变形缝和施工段划分检验批。

地下防水工程不得按不同地下层或变形缝、沉降缝和施工段划分检验批。一个单位（子单位）工程，地下防水工程只有一个检验批。

**【例 9-13】** 在装饰装修工程中，“基体”与“基层”有什么区别？

【解答】 在建筑装饰装修工程中，“基体”和“基层”是两个相似而不同义的词。“基体”是指建筑物的主体结构或围护结构，例如，混凝土梁、板、柱和一些砌体围护结构。“基层”是指直接承受装饰装修施工的面层，例如，对抹灰工程来说，如果在混凝土或围护结构表面进行抹灰，那么“基体”就是“基层”；而对于涂饰工程来说，如果在混凝土或围护结构表面进行涂饰，“基层”就是“基体”，但是如果在抹灰工程的表面、木材表面、金属材料表面或者其他基材的表面进行涂饰，那么“基层”就不是“基体”了。

【例 9 - 14】 国家验收规范中，对抹灰工程的隐蔽工程验收有哪些内容？

【解答】 抹灰工程应对下列隐蔽工程项目进行验收：

(1) 抹灰总厚度不小于 35mm 时的加强措施。

(2) 不同材料基体交接处的加强措施。

国家验收规范规定，抹灰总厚度应该符合设计要求。抹灰的施工操作应该符合相应工艺标准的规定。而为了保证工程质量，抹灰工程的基本工艺，要求抹灰应分层进行。国家验收规范规定，当抹灰总厚度不小于 35mm 时，应采取加强措施，如使用树脂砂浆、纤维布或金属网等。另外，无论抹灰层厚度是多少，当基体材料不同时，如果在不同基体材料交接处表面的抹灰，应采取防止开裂的加强措施。当采用加强网时，加强网与各基体的搭接宽度不应小于 100mm。

【例 9 - 15】 某工程填充墙采用 600mm×600mm×120mm (140mm) 的石膏砌块，使用胶粘剂砌筑，在进行检验批验收时如何填写相应记录？

【解答】 时代在发展，科技在进步，由于新材料、新工艺、新技术的不断涌现，规范、标准有可能不能将这些新内容涵盖进去，只能在规范、标准的下一轮修订（含局部修订）时，将成熟的新材料、新工艺、新技术再纳入进去。

《砌体工程施工质量验收规范》(GB 50203—2002) 中的填充墙砌体分项工程，虽未包含采用胶粘剂施工的砌体质量标准及验收内容，但在施工中可按照胶粘剂使用说明书的注意事项及要求，另行设计和填写“填充墙工程胶粘剂施工质量控制资料”。同时，也应填写《砌体工程施工质量验收规范》(GB 50203—2002) 中的“填充墙砌体工程检验批质量验收记录”。

## 9.9 建筑工程施工质量验收案例

【例 9 - 16】 框架结构工程质量验收

(1) 背景。

某综合楼主体结构采用现浇钢筋混凝土框架结构，基础形式为现浇钢筋混凝土筏形基础，地下 2 层，地上 7 层，混凝土强度等级 C30 级，主要受力钢筋采用 HRB335 级，在主体结构施工到第 5 层时，发现三层柱子承载能力达不到设计要求，聘请有资质的检测单位检测鉴定仍不能达到设计要求，拆除重建费用过高，时间较长，最后请原设计院核算，能够满足安全和使用要求。

(2) 问题。

1) 试述该混凝土是什么？

2）混凝土结构检验批的质量验收应包括哪些内容？

3）该地基与基础工程验收时，应符合哪些规定？

4）对该工程二层柱子的质量应如何验收？

（3）分析与解答。

1）分项工程质量验收合格的规定：

①分项工程所含的检验批应符合合格质量的规定。

②分项工程所含的检验批的质量验收记录应完整。

2）混凝土结构检验批的质量验收应包括如下内容：

①实物检查。

②资料检查，包括原材料、构配件和器具等的产品合格证（中文质量合格证明文件、规格、型号及性能检测报告等）及进场复验报告、施工过程中重要工序的自检和交接检记录、抽样检验报告、见证检测报告、隐蔽工程验收记录等。

3）该地基与基础工程验收时，应按照下列规定进行：

①分项工程的质量验收应分别按主控项目和一般项目验收。

②隐蔽工程应在施工单位自检合格后，于隐蔽前通知监理（建设单位）等有关人员检查验收，并形成中间验收文件后，方可隐蔽。

③分部（子分部）工程的验收，应在所含分项工程全部通过验收的基础上，对必要的部位进行见证检验。

4）可不进行处理。因为经由资质的检测单位检测鉴定达不到设计要求，但经原设计单位核算认可能够满足结构安全和使用功能，可予以验收。

**【例9-17】** 现浇钢筋混凝土框架结构施工质量验收

（1）背景。

某工程建筑面积18 800m$^2$，现浇钢筋混凝土框架结构，地上12层，地下2层，由某建筑公司施工。2007年3月1日开工，2008年11月10日竣工。

（2）问题。

1）该钢筋混凝土框架结构施工时，模板分项工程质量验收应如何组织？

2）模板工程验收的内容是什么？其检验批如何验收？

3）钢筋安装检验批如何验收？

4）混凝土工程检验批如何验收？

5）该商厦现浇结构分项如何验收？

6）该商厦质量验收的内容有哪些？

（3）分析与解答。

1）模板分项工程质量验收的组织：模板分项工程应由监理工程师（建设单位项目负责人）组织施工单位项目专业质量（技术）负责人进行验收。

2）模板工程验收的内容：该模板分项工程所含的检验批质量均应合格，质量验收记录应完整，检验批验收内容见表9-14。

3）钢筋安装检验批验收见表9-15。

4）混凝土工程检验批验收见表9-16。

**表 9-14　　现浇结构模板安装检验批质量验收记录**

| 工程名称 | ××工程 | 分项工程名称 | 模板 | 验收部位 | 二层顶板梁 |
|---|---|---|---|---|---|
| 施工单位 | ××建筑公司 | | | 项目经理 | ××× |
| 施工执行标准名称及编号 | 混凝土结构工程施工质量验收规范（GB 50204—2002） | | | 专业工长 | ××× |
| 分包单位 | / | 分包项目经理 | / | 施工班组长 | / |

| 检控项目 | 质量验收规范的规定 | | | | 施工单位检查评定记录 | | | | | | | | | | 监理（建设）单位验收记录 |
|---|---|---|---|---|---|---|---|---|---|---|---|---|---|---|---|
| 主控项目 | 1 | 模板、支架、立柱及垫板 | | 4.2.1 条 | 全数检查，上、下层支架的立柱基本对准，已铺设垫板 | | | | | | | | | | 模板支撑及板面隔离剂涂刷符合设计及规范要求 |
| | 2 | 涂刷隔离剂 | | 4.2.2 条 | 全数检查，模板隔离剂未沾污钢筋和混凝土接槎处 | | | | | | | | | | |
| 一般项目 | 1 | 模板安装 | | 4.2.3 条 | 现场检查，符合规范要求 | | | | | | | | | | 模板安装的一般要求，预埋件、预留孔洞允许偏差及模板安装允许符合《混凝土结构工程施工质量验收规范》的规定 |
| | 2 | 用作模板的地坪与胎模 | | 4.2.4 条 | / | | | | | | | | | | |
| | 3 | 模板起拱 | | 4.2.5 条 | 模板中间起拱 6mm，符合规范要求 | | | | | | | | | | |
| | | 项目 | | 允许偏差/mm | 量测值/mm | | | | | | | | | | |
| | 4 | 预埋钢板中心线位置 | | 3 | | | | | | | | | | | |
| | 5 | 预埋管、预留孔中心线位置 | | 3 | 2 | 3 | 3 | 2 | 3 | 2 | 3 | 1 | 3 | 2 | |
| | 6 | 插筋 | 中心线位置 | 5 | 3 | 3 | 2 | 4 | 3 | 2 | 1 | 4 | 2 | 1 | |
| | | | 外露长度 | +10，0 | 5 | 7 | 5 | 4 | 3 | 2 | 3 | 8 | 4 | 6 | |
| | 7 | 预埋螺栓 | 中心线位置 | 2 | | | | | | | | | | | |
| | | | 外露长度 | +10，0 | | | | | | | | | | | |
| | 8 | 预留洞 | 中心线位置 | 10 | 5 | 8 | 7 | 5 | 9 | 8 | 7 | 6 | 4 | 8 | |
| | | | 外露长度 | +10，0 | 8 | 9 | 5 | 5 | 9 | 0 | 8 | 9 | 1 | 2 | |
| | 9 | 模板轴线位置 | | 5 | 3 | 5 | 3 | 4 | 3 | 2 | 1 | 6 | 2 | 4 | |
| | 10 | 底模上表面标高 | | ±5 | 2 | 3 | 4 | 3 | 2 | 4 | 4 | 3 | 2 | 4 | |
| | 11 | 截面内部尺寸 | 基础 | ±10 | | | | | | | | | | | |
| | | | 柱墙梁 | +4，−5 | 3 | −2 | −4 | 2 | 0 | 3 | −4 | −1 | −3 | 2 | |
| | 12 | 层高垂直度 | 不大于 5m | 6 | 3 | 3 | 2 | 4 | 5 | 3 | 2 | 2 | 4 | 3 | |
| | | | 大于 5m | 8 | | | | | | | | | | | |
| | 13 | 相邻两板表面高低差 | | 2 | 2 | 2 | 1 | 2 | 2 | 1 | 2 | 1 | 1 | 2 | |
| | 14 | 表面平整度 | | 5 | 3 | 5 | 4 | 4 | 3 | 2 | 3 | 4 | 2 | 3 | |

| 施工单位检查评定结果 | 检查工程主控项目、一般项目均符合《混凝土结构工程施工质量验收规范》（GB 50204—2002）的规定，评定合格。<br>项目专业质量检查员：×××　　××年×月×日 |
|---|---|
| 监理（建设）单位验收结论 | 同意施工单位评定结果，验收合格。<br>监理工程师<br>（建设单位项目专业技术负责人）：×××　　××年×月×日 |

**表 9-15** **钢筋安装检验批质量验收记录**

<table>
<tr><td colspan="3">工程名称</td><td colspan="2">××工程</td><td colspan="2">分项工程名称</td><td colspan="4">钢筋</td><td colspan="5">验收部位</td><td>二层顶板梁</td></tr>
<tr><td colspan="3">施工单位</td><td colspan="8">××建筑公司</td><td colspan="5">项目经理</td><td>×××</td></tr>
<tr><td colspan="3">施工执行标准<br>名称及编号</td><td colspan="8">混凝土结构工程施工质量验收规范（GB 50204—2002）</td><td colspan="5">专业工长</td><td>×××</td></tr>
<tr><td colspan="3">分包单位</td><td colspan="3">/</td><td colspan="3">分包项目经理</td><td colspan="2">/</td><td colspan="5">施工班组长</td><td>/</td></tr>
<tr><td>检控项目</td><td colspan="5">质量验收规范的规定</td><td colspan="10">施工单位检查评定记录</td><td>监理（建设）单位验收记录</td></tr>
<tr><td>主控项目</td><td>1</td><td colspan="3">受力钢筋的品种、级别、规格与数量</td><td>5.5.1条</td><td colspan="10">全数检查，符合要求</td><td>符合要求</td></tr>
<tr><td rowspan="15">一般项目</td><td colspan="4">项　目</td><td>允许偏差/mm</td><td colspan="10">量测值/mm</td><td rowspan="15">接头位置和数量，绑扎搭接接头面积百分率和搭接长度，搭接长度范围内的箍筋，绑扎钢筋网，绑扎钢筋骨架、受力钢筋间距、排距、保护层厚度，绑扎箍筋、横向钢筋间距符合设计要求</td></tr>
<tr><td rowspan="2">1</td><td rowspan="2">绑扎钢筋网</td><td colspan="2">长、宽</td><td>±10</td><td>8</td><td>5</td><td>7</td><td>1</td><td>4</td><td>2</td><td>3</td><td>5</td><td>6</td><td>4</td></tr>
<tr><td colspan="2">网眼尺寸</td><td>±20</td><td>10</td><td>15</td><td>16</td><td>18</td><td>12</td><td>13</td><td>19</td><td>17</td><td>14</td><td>11</td></tr>
<tr><td rowspan="2">2</td><td rowspan="2">绑扎钢筋骨架</td><td colspan="2">长</td><td>±10</td><td>+3</td><td>−5</td><td>+8</td><td>+3</td><td>−5</td><td>+7</td><td>+1</td><td>−4</td><td>+6</td><td>−2</td></tr>
<tr><td colspan="2">宽、高</td><td>±5</td><td>+2</td><td>+5</td><td>−2</td><td>+4</td><td>△6</td><td>0</td><td>+4</td><td>+3</td><td>−1</td><td>−3</td></tr>
<tr><td rowspan="5">3</td><td rowspan="5">受力钢筋</td><td colspan="2">间距</td><td>±10</td><td>8</td><td>−7</td><td>−3</td><td>5</td><td>7</td><td>4</td><td>6</td><td>△13</td><td>10</td><td>5</td></tr>
<tr><td colspan="2">排距</td><td>±5</td><td>−2</td><td>3</td><td>−1</td><td>0</td><td>0</td><td>0</td><td>4</td><td>1</td><td>3</td><td>2</td></tr>
<tr><td rowspan="3">保护层厚度</td><td>基础</td><td>±10</td><td></td><td></td><td></td><td></td><td></td><td></td><td></td><td></td><td></td><td></td></tr>
<tr><td>柱梁</td><td>±5</td><td></td><td></td><td></td><td></td><td></td><td></td><td></td><td></td><td></td><td></td></tr>
<tr><td>板墙壳</td><td>±3</td><td></td><td></td><td></td><td></td><td></td><td></td><td></td><td></td><td></td><td></td></tr>
<tr><td>4</td><td colspan="3">绑扎箍筋、横向钢筋间距</td><td>±20</td><td>15</td><td>18</td><td>20</td><td>10</td><td>−12</td><td>6</td><td>−4</td><td>6</td><td>−10</td><td>4</td></tr>
<tr><td>5</td><td colspan="3">钢筋弯起点位置</td><td>20</td><td>15</td><td>10</td><td>8</td><td>10</td><td>12</td><td>6</td><td>4</td><td>3</td><td>15</td><td>18</td></tr>
<tr><td rowspan="2">6</td><td rowspan="2">预埋件</td><td colspan="2">中心线位置</td><td>5</td><td>4</td><td>2</td><td>3</td><td>1</td><td>1</td><td>2</td><td>3</td><td>4</td><td>4</td><td>2</td></tr>
<tr><td colspan="2">水平高差</td><td>+3，0</td><td>2</td><td>1</td><td>△4</td><td>1</td><td>2</td><td>2</td><td>−1</td><td>2</td><td>1</td><td>1</td></tr>
<tr><td></td><td colspan="14">注：1. 检查预埋件中心线位置时，应沿纵、横两个方向量测，并取其中的较大值；2. 表中梁类、板类构件上部纵向受力钢筋保护层厚度的合格点率应达到90%以上，且不得有超过表中数值1.5倍的尺寸偏差</td></tr>
<tr><td colspan="3">施工单位检查评定结果</td><td colspan="14">检查工程主控项目、一般项目均符合《混凝土结构工程施工质量验收规范》（GB 50204—2002）的规定，评定合格。<br>项目专业质量检查员：×××　　××年×月×日</td></tr>
<tr><td colspan="3">监理（建设）单位验收结论</td><td colspan="14">同意施工单位评定结果，验收合格。<br>监理工程师<br>（建设单位项目专业技术负责人）：×××　　××年×月×日</td></tr>
</table>

**表 9 - 16　　混凝土施工检验批质量验收记录**

<table>
<tr><td colspan="3">工程名称</td><td>××工程</td><td>分项工程名称</td><td>混凝土</td><td>验收部位</td><td>三层①～⑨柱</td></tr>
<tr><td colspan="3">施工单位</td><td colspan="3">××建筑公司</td><td>项目经理</td><td>×××</td></tr>
<tr><td colspan="3">施工执行标准名称及编号</td><td colspan="3">混凝土结构工程施工质量验收规范（GB 50204—2002）</td><td>专业工长</td><td>×××</td></tr>
<tr><td colspan="3">分包单位</td><td>/</td><td>分包项目经理</td><td>/</td><td>施工班组长</td><td>/</td></tr>
<tr><td rowspan="8">主控项目</td><td colspan="3">质量验收规范的规定</td><td colspan="2">施工单位检查评定记录</td><td colspan="2">监理（建设）单位验收记录</td></tr>
<tr><td>1</td><td>混凝土试件的取样与留置</td><td>7.4.1 条</td><td colspan="2">混凝土强度等级为 C25，取 2 组标养试块及 1 组同条件试块，1 组见证试块，强度达到 32.5、33.6MPa</td><td colspan="2" rowspan="7">混凝土强度等级及试件的取样和留置，原材料每盘称量的偏差，初凝时间控制符合设计及规范要求</td></tr>
<tr><td>2</td><td>抗渗混凝土试件的留置</td><td>7.4.2 条</td><td colspan="2">/</td></tr>
<tr><td>3</td><td>混凝土原材料每盘称量偏差</td><td>7.4.3 条</td><td colspan="2"></td></tr>
<tr><td>①</td><td>水泥、掺和料</td><td>±2%</td><td colspan="2">符合要求</td></tr>
<tr><td>②</td><td>粗、细骨料</td><td>±3%</td><td colspan="2">符合要求</td></tr>
<tr><td>③</td><td>水、外加剂</td><td>±2%</td><td colspan="2">符合要求</td></tr>
<tr><td>4</td><td>混凝土运输、浇筑及间歇的全部时间</td><td>7.4.4 条</td><td colspan="2">符合要求</td></tr>
<tr><td rowspan="3">一般项目</td><td>1</td><td>施工缝的位置与处理</td><td></td><td colspan="2">已按施工技术方案对施工缝处理</td><td colspan="2" rowspan="3">施工缝的位置和处理，混凝土养护符合设计及规范要求</td></tr>
<tr><td>2</td><td>后浇带的留置位置和浇筑</td><td></td><td colspan="2">/</td></tr>
<tr><td>3</td><td>混凝土养护措施规定</td><td></td><td colspan="2">检查施工记录，符合要求</td></tr>
<tr><td colspan="3">施工单位检查评定结果</td><td colspan="5">检查工程主控项目、一般项目均符合《混凝土结构工程施工质量验收规范》(GB 50204—2002) 的规定，评定合格。<br>项目专业质量检查员：×××　　　　××年×月×日</td></tr>
<tr><td colspan="3">监理（建设）单位验收结论</td><td colspan="5">同意施工单位评定结果，验收合格。<br>监理工程师<br>（建设单位项目专业技术负责人)：×××　　　　××年×月×日</td></tr>
</table>

5）现浇结构分项验收分为 2 方面，见表 9 - 18 和表 9 - 19，外观质量应按照表 9 - 17 确定且全数检查。尺寸偏差的检查数量，按楼层、结构缝或施工段划分检验批。在同一检验批内，对墙和板，应按有代表性的自然间抽查 10%，且不少于 3 间。

6）该商厦质量验收的内容有：

①分部分项内容的抽样检查。

②施工质量保证资料的检查，包括施工全过程的技术质量管理资料，其中又以原材料、施工检测、测量复核及功能试验资料为重点检查内容。

③工程外观质量检查。

**表 9-17　　现浇结构外观质量缺陷**

| 名称 | 现　　象 | 严　重　缺　陷 | 一　般　缺　陷 |
|---|---|---|---|
| 露筋 | 构件内钢筋未被混凝土包裹而外露 | 纵向受力钢筋有露筋 | 其他钢筋有少量露筋 |
| 蜂窝 | 混凝土表面缺少水泥砂浆而形成石子外露 | 构件主要受力部位有蜂窝 | 其他部位有少量蜂窝 |
| 孔洞 | 混凝土中孔穴深度和长度均超过保护层厚度 | 构件主要受力部位有孔洞 | 其他部位有少量孔洞 |
| 夹渣 | 混凝土中夹有杂物且深度超过保护层厚度 | 构件主要受力部位有夹渣 | 其他部位有少量夹渣 |
| 疏松 | 混凝土中局部不密实 | 构件主要受力部位有疏松 | 其他部位有少量疏松 |
| 裂缝 | 缝隙从混凝土表面延伸至混凝土内部 | 构件主要受力部位有影响结构性能或使用功能的裂缝 | 其他部位有少量不影响结构性能或使用功能的裂缝 |
| 连接部位缺陷 | 构件连接处混凝土缺陷及连接钢筋、连接件松动 | 连接部位有影响结构传力性能的缺陷 | 连接部位有基本不影响结构传力性能的缺陷 |
| 外形缺陷 | 缺棱掉角、棱角不直、翘曲不平、飞边凸肋等 | 清水混凝土构件有影响使用功能或装饰效果的外形缺陷 | 其他混凝土构件有不影响使用功能的外形缺陷 |
| 外表缺陷 | 构件表面麻面、掉皮、起砂、沾污等 | 具有重要装饰效果的清水混凝土构件有外表缺陷 | 其他混凝土构件有不影响使用功能的外表缺陷 |

**表 9-18　　现浇结构外观质量检验批质量验收记录**

<table>
<tr><td>工程名称</td><td>××工程</td><td>分项工程名称</td><td>现浇结构</td><td>验收部位</td><td>八层Ⅱ段墙</td></tr>
<tr><td>施工单位</td><td colspan="3">××建筑公司</td><td>项目经理</td><td>×××</td></tr>
<tr><td>施工执行标准名称及编号</td><td colspan="3">混凝土结构工程施工质量验收规范（GB 50204—2002）</td><td>专业工长</td><td>×××</td></tr>
<tr><td>分包单位</td><td>/</td><td>分包项目经理</td><td>/</td><td>施工班组长</td><td>/</td></tr>
<tr><td>检控项目</td><td colspan="3">质量验收规范的规定</td><td>施工单位检查评定记录</td><td>监理（建设）单位验收记录</td></tr>
<tr><td>主控项目</td><td colspan="3">现浇结构的外观质量不应有严重缺陷。<br>对已经出现的严重缺陷，应由施工单位提出技术处理方案，并经监理（建设）单位认可后进行处理。对经处理的部位，应重新检查验收。<br>检查数量：全数检查。<br>检验方法：观察，检查技术处理方案。</td><td>外观无缺陷</td><td>经检查，主控项目符合设计及规范要求</td></tr>
<tr><td>一般项目</td><td colspan="3">现浇结构的外观质量不宜有一般缺陷。<br>对已经出现的一般缺陷，应由施工单位按技术处理方案进行处理，并重新检查验收。<br>检查数量：全数检查。<br>检验方法：观察，检查技术处理方案。</td><td>无缺陷</td><td>经检查，一般项目符合设计及规范要求</td></tr>
<tr><td>施工单位检查评定结果</td><td colspan="5">经检查，该检验批主控项目、一般项目均符合《混凝土结构工程施工质量验收规范》（GB 50204—2002）的规定，评定合格。<br>项目专业质量检查员：×××　　　　××年×月×日</td></tr>
<tr><td>监理（建设）单位验收结论</td><td colspan="5">经检查，该检验批主控项目、一般项目符合设计和相关规范要求，质量合格，同意下道工序施工。<br>监理工程师<br>（建设单位项目专业技术负责人）：×××　　　　××年×月×日</td></tr>
</table>

**表 9-19　　现浇结构尺寸允许偏差检验批质量验收记录**

| 工程名称 | ××工程 | 分项工程名称 | 现浇结构 | 验收部位 | 八层Ⅱ段墙 |
|---|---|---|---|---|---|
| 施工单位 | ××建筑公司 | | | 项目经理 | ××× |
| 施工执行标准名称及编号 | 混凝土结构工程施工质量验收规范（GB 50204—2002） | | | 专业工长 | ××× |
| 分包单位 | / | 分包项目经理 | / | 施工班组长 | / |

| 检控项目 | 质量验收规范的规定 | | | | 施工单位检查评定记录 | | | | | | | | | | 监理（建设）单位验收记录 |
|---|---|---|---|---|---|---|---|---|---|---|---|---|---|---|---|
| 主控项目 | 1 | 现浇结构尺寸允许偏差的检查与验收 | | 8.3.1 条 | 无影响结构性能或使用功能的尺寸偏差 | | | | | | | | | | 结构外观符合 GB 50204—2002 的要求 |
| 一般项目 | | 现浇结构拆模后尺寸 | | 允许偏差/mm | 量测值/mm | | | | | | | | | | 轴线位置、垂直度、标高、截面尺寸、表面平整度、预埋设施中心线位置、预留洞中心线位置符合设计及 GB 50204—2002 的规定 |
| | 1 | 轴线位置 | 基础 | 15 | | | | | | | | | | | |
| | | | 独立基础 | 10 | | | | | | | | | | | |
| | | | 墙、柱、梁 | 8 | | | | | | | | | | | |
| | | | 剪力墙 | 5 | 3 | 2 | 4 | 3 | 1 | 2 | △6 | 2 | 3 | 1 | |
| | 2 | 垂直度 | 层高 ≤5m | 8 | △9 | 5 | 3 | 4 | 6 | 7 | 2 | 1 | 8 | 3 | |
| | | | 层高 >5m | 10 | | | | | | | | | | | |
| | | | 全高（$H$） | $H$/1000 且≤30 | | | | | | | | | | | |
| | 3 | 标高 | 层高 | ±10 | −2 | −8 | 7 | 6 | −5 | −6 | 4 | 3 | −5 | 5 | |
| | | | 全高 | ±30 | | | | | | | | | | | |
| | 4 | 截面尺寸 | | +8，−5 | 2 | 3 | 6 | 5 | 1 | −2 | −3 | 5 | 6 | 2 | |
| | 5 | 电梯井 | 井筒长、宽对定位中心线 | +25 | | | | | | | | | | | |
| | | | 井筒全高（$H$）垂直度 | $H$/1000 且≤30 | 2 | 3 | 1 | 2 | 2 | 1 | 2 | 2 | 3 | 4 | |
| | 6 | 平面平整度 | | 8 | △9 | 5 | 2 | 4 | 6 | 7 | 2 | 1 | 8 | 3 | |
| | 7 | 预埋设施中心线位置 | 预埋件 | 10 | 8 | 2 | 8 | 1 | 5 | △11 | 5 | 6 | 2 | 7 | |
| | | | 预埋螺栓 | 5 | | | | | | | | | | | |
| | | | 预埋管 | 5 | | | | | | | | | | | |
| | 8 | 预留洞中心线位置 | | 15 | 15 | 17 | 12 | 13 | 5 | 8 | 7 | 13 | 8 | 7 | |
| | 注：检查坐标、中心线位置时，应沿纵、横两个方向量测，并取其中的较大值 | | | | | | | | | | | | | | |
| 施工单位检查评定结果 | 经检查，该检验批主控项目、一般项目均符合设计和相关规范要求，质量合格。<br>项目专业质量检查员：×××　　××年×月×日 | | | | | | | | | | | | | | |
| 监理（建设）单位验收结论 | 经检查，该检验批主控项目、一般项目符合设计和相关规范要求，质量合格，同意下道工序施工。<br>监理工程师<br>（建设单位项目专业技术负责人）：×××　　××年×月×日 | | | | | | | | | | | | | | |

**【例9-18】** 砖砌体工程施工质量的验收

（1）背景。

某砌体工程建筑面积6500m$^2$，地上7层，地下1层，由某建筑公司施工。2007年5月1日开工，2008年9月10日竣工。

（2）问题。

1）该砌体结构施工时，砖砌体检验批如何验收？

2）砖砌体分项工程如何验收？

3）主体分部如何验收？

（3）分析与解答。

1）砖砌体检验批的验收见表9-20。

**表9-20　砖砌体工程检验批的验收**

<table>
<tr><td colspan="5">工程名称</td><td>××工程</td><td colspan="4">分项工程名称</td><td colspan="3">砖砌体工程</td><td colspan="3">验收部位</td><td>四层墙体</td></tr>
<tr><td colspan="5">施工单位</td><td colspan="8">××建筑公司</td><td colspan="3">项目经理</td><td>×××</td></tr>
<tr><td colspan="5">施工执行标准名称及编号</td><td colspan="8">砌体工程施工质量验收规范（GB 50203—2002）</td><td colspan="3">专业工长</td><td>×××</td></tr>
<tr><td colspan="5">分包单位</td><td>/</td><td colspan="4">分包项目经理</td><td colspan="3">/</td><td colspan="3">施工班组长</td><td>/</td></tr>
<tr><td rowspan="11">主控项目</td><td colspan="5">质量验收规范的规定</td><td colspan="10">施工单位检查评定记录</td><td>监理（建设）单位验收记录</td></tr>
<tr><td>1</td><td colspan="3">砖强度等级</td><td>设计要求MU</td><td colspan="10">×县砖厂生产的MU10多孔砖合格，合格证编号×××，复试报告编号×××</td><td rowspan="10">符合规范要求</td></tr>
<tr><td>2</td><td colspan="3">砂浆强度等级</td><td>设计要求M</td><td colspan="10">经28d标养后M10水泥砂浆强度等级达到设计强度的108.6%，试验报告编号为×××</td></tr>
<tr><td>3</td><td colspan="3">砌筑及斜槎留置</td><td>5.2.3条</td><td colspan="10">斜槎水平投影长度大于高度的2/3</td></tr>
<tr><td>4</td><td colspan="3">直槎拉结钢筋及接茬处理</td><td>5.2.4条</td><td colspan="10">留槎正确，拉结钢筋设置数量、直径竖向间距符合要求</td></tr>
<tr><td></td><td colspan="3">项　目</td><td>允许偏差</td><td colspan="10">量测值/mm</td></tr>
<tr><td>5</td><td colspan="3">砌体水平灰缝砂浆饱满度</td><td>不得小于80%</td><td>81</td><td>85</td><td>83</td><td>87</td><td>84</td><td>86</td><td>88</td><td>82</td><td>81</td><td>89</td></tr>
<tr><td>6</td><td colspan="3">轴线位移</td><td>10mm</td><td>5</td><td>7</td><td>3</td><td>6</td><td>8</td><td>3</td><td>1</td><td>4</td><td>9</td><td>3</td></tr>
<tr><td rowspan="3">7</td><td rowspan="3">垂直度</td><td colspan="2">每层</td><td>5mm</td><td>3</td><td>2</td><td>1</td><td>1</td><td>4</td><td>3</td><td>1</td><td>1</td><td>2</td><td>4</td></tr>
<tr><td rowspan="2">全高</td><td>≤10m</td><td>10mm</td><td></td><td></td><td></td><td></td><td></td><td></td><td></td><td></td><td></td><td></td></tr>
<tr><td>>10m</td><td>20mm</td><td></td><td></td><td></td><td></td><td></td><td></td><td></td><td></td><td></td><td></td></tr>
<tr><td rowspan="4">一般项目</td><td>1</td><td colspan="3">组砌方法</td><td>5.3.1条</td><td colspan="10"></td><td rowspan="4">现场抽查试验，各项偏差值符合规范要求</td></tr>
<tr><td></td><td colspan="3">项　目</td><td>允许偏差/mm</td><td colspan="10">量测值/mm</td></tr>
<tr><td>2</td><td colspan="3">水平灰缝厚度宜为10mm</td><td>不应大于12，不应小于8</td><td>9</td><td>10</td><td>11</td><td>9</td><td>9</td><td>10</td><td>11</td><td>11</td><td>11</td><td>9</td></tr>
<tr><td>3</td><td colspan="3">基础顶面和楼面标高</td><td>±15</td><td>13</td><td>14</td><td>12</td><td>11</td><td>9</td><td>7</td><td>8</td><td>6</td><td>5</td><td>11</td></tr>
</table>

续表

| 工程名称 | ××工程 | 分项工程名称 | 砖砌体工程 | 验收部位 | 四层墙体 |
|---|---|---|---|---|---|
| 施工单位 | ××建筑公司 | | | 项目经理 | ××× |
| 施工执行标准名称及编号 | 砌体工程施工质量验收规范（GB 50203—2002） | | | 专业工长 | ××× |
| 分包单位 | / | 分包项目经理 | / | 施工班组长 | / |

| | | 项目 | | 允许偏差/mm | 量测值/mm | | | | | | | | | | |
|---|---|---|---|---|---|---|---|---|---|---|---|---|---|---|---|
| 一般项目 | 4 | 表面平整度 | 清水墙柱 | 5 | | | | | | | | | | | 现场抽查试验，各项偏差值符合规范要求 |
| | | | 混水墙柱 | 8 | 7 | 6 | 4 | 5 | 3 | 1 | 2 | 4 | 5 | 6 | |
| | 5 | 门窗洞口高宽（后塞口） | | ±5 | 2 | 3 | −1 | 1 | 3 | 4 | −2 | 2 | 2 | 1 | |
| | 6 | 外墙上下窗口偏移 | | 20 | 16 | 11 | 14 | 9 | 12 | 15 | 13 | 9 | 11 | 14 | |
| | 7 | 水平灰缝垂直度 | 清水墙 | 7 | | | | | | | | | | | |
| | | | 混水墙 | 10 | 9 | 7 | 8 | 6 | 4 | 5 | 3 | 1 | 2 | 5 | |
| | 8 | 清水墙游顶走缝 | | 20 | 19 | 13 | 15 | 14 | 18 | 16 | 12 | 15 | 17 | 18 | |

| 施工单位检查评定结果 | 经检查，该检验批主控项目、一般项目均符合相关规范的要求，质量合格。<br>项目专业质量检查员：××× ××年×月×日 |
|---|---|
| 监理（建设）单位验收结论 | 经检查，该检验批主控项目、一般项目符合设计和相关规范要求，质量合格，同意下道工序施工。<br>监理工程师<br>（建设单位项目专业技术负责人）：××× ××年×月×日 |

2）砖砌体分项工程质量验收见表 9-21。

**表 9-21　砖砌体分项工程质量验收记录表**

| 工程名称 | ××工程 | 结构类型 | 砖混 6 层 | 检验批数 | 6 |
|---|---|---|---|---|---|
| 施工单位 | ××建筑公司 | 项目经理 | ××× | 项目技术负责人 | ××× |
| 分包单位 | / | 分包单位负责人 | / | 分包项目经理 | / |

| 序号 | 检验批部位、区段 | 施工单位检查评定结果 | 监理（建设）单位验收结论 |
|---|---|---|---|
| 1 | 一层墙①～⑩ | √ | 合格 |
| 2 | 二层墙①～⑩ | √ | |
| 3 | 三层墙①～⑩ | √ | |
| 4 | 四层墙①～⑩ | √ | |
| 5 | 五层墙①～⑩ | √ | |
| 6 | 六层墙①～⑩ | √ | |
| 7 | | | |
| | 说明：1. 全高垂直度：检查四点分别为 7mm、9mm、14mm、7mm。平均为 9.2mm，最大值为 14mm 且≤15mm。<br>2. 砂浆试块抗压强度依次为 11.8MPa、11.9MPa、12.1MPa、9.6MPa、10.2MPa、10.8MPa，平均 11.1MPa 且≥10MPa，最小 9.6MPa 且≥7.5MPa。<br>3. 全高标高 18.75m≤15mm | | |

续表

| 工程名称 | ××工程 | 结构类型 | 砖混6层 | 检验批数 | 6 |
|---|---|---|---|---|---|
| 施工单位 | ××建筑公司 | 项目经理 | ××× | 项目技术负责人 | ××× |
| 分包单位 | / | 分包单位负责人 | / | 分包项目经理 | / |
| 检查结论 | 合格<br>项目专业技术负责人：×××<br>年 月 日 | 验收结论 | 同意验收<br>监理工程师：×××<br>（建设单位项目专业技术负责人）<br>年 月 日 | | |

3）主体分部工程质量验收见表9-22。

**表9-22　　主体分部工程质量验收记录**

| 工程名称 | | ××工程 | 结构类型 | 砖混6层 | 层数 | 6 |
|---|---|---|---|---|---|---|
| 施工单位 | | ××建筑公司 | 技术部门负责人 | ××× | 质量部门负责人 | ××× |
| 分包单位 | | / | 分包单位负责人 | / | 分包技术负责人 | / |
| 序号 | 分项工程名称 | 检验批数 | 施工单位检查评定 | | | 验收意见 |
| 1 | 砖砌体分项工程 | 6 | √ | | | 同意验收 |
| 2 | 配筋砌体分项工程 | | √ | | | |
| 3 | 模板分项工程 | 6 | √ | | | |
| 4 | 钢筋分项工程 | 6 | √ | | | |
| 5 | 混凝土分项工程 | 6 | √ | | | |
| 质量控制资料 | | 参照表　相关内容检查，全符合要求 | | | √ | 同意验收 |
| 安全和功能检验（检测）报告 | | 参照表　相关内容检查，全符合要求 | | | √ | 同意验收 |
| 观感质量验收 | | 参照表　相关内容检查，全符合要求 | | | 好 | 同意验收 |
| 验收单位 | 分包单位 | 项目经理：/ | | | 年 月 日 | |
| | 施工单位 | 项目经理：××× | | | ×年×月×日 | |
| | 勘察单位 | 项目负责人：××× | | | ×年×月×日 | |
| | 设计单位 | 项目负责人：××× | | | ×年×月×日 | |
| | 监理（建设）单位 | 总监理工程师：×××<br>（建设单位项目专业负责人） | | | ×年×月×日 | |

## 本章练习题

### 一、填空题

1.（　　）是工程验收的最小单位，是分项工程乃至整个建筑工程质量验收的基础。

2. 检验批和分项工程是建筑工程质量的基础，因此所有检验批和分项工程均由（　　）或（　　）组织验收。

## 二、选择题

1. 施工现场质量管理检查记录应由施工单位按表填写，(　　) 进行检查，并作出检查结论。

a. 施工单位技术负责人　b. 项目质量员　c. 总监理工程师　d. 项目施工员

2. 通过返修或加固处理仍不能满足安全使用要求的分部工程、单位（子单位）工程应（　　）。

a. 协商验收　b. 严禁验收

c. 甲、乙方商定　d. 由上级批示后可验收

3. 单位工程由分包单位施工时，分包单位对所承包的工程项目应按本标准规定的程序检查评定，总包单位应派人参加。分包工程完成后，应将工程有关资料交（　　）。

a. 建设单位　b. 监理单位　c. 档案管理部门　d. 总包单位

4. 施工现场质量管理应有相应的（　　）。

a. 施工技术标准　b. 健全的质量管理体系

c. 施工质量检验制度　d. 综合施工质量水平评定考核制度

## 三、问答题

1. 了解建筑工程施工质量验收的基本规定有哪些。
2. 检验批合格质量应符合哪些规定?
3. 分项工程质量验收合格应符合的规定有哪些?
4. 分部（子分部）工程质量验收合格应符合的规定有哪些?
5. 单位（子单位）工程质量验收合格应符合哪些规定?

第10章

# 工程质量缺陷、通病和质量事故处理

## 10.1 工程质量缺陷、通病和事故的概念

### 10.1.1 工程质量缺陷

工程质量缺陷是指工程达不到技术标准允许的技术指标的现象。

### 10.1.2 工程质量通病

工程质量通病是指各类影响工程结构、使用功能和外形观感的常见性质量损伤，犹如“多发病”一样，而称为质量通病。

目前建筑安装工程最常见的质量通病主要有以下几类：

(1) 基础不均匀下沉，墙开裂。

(2) 现浇钢筋混凝土工程出现蜂窝、麻面、露筋。

(3) 现浇钢筋混凝土阳台、雨篷根部开裂或倾覆、坍塌。

(4) 砂浆、混凝土配合比控制不严，任意加水，强度得不到保证。

(5) 屋面、厨房渗水、漏水。

(6) 墙面抹灰起壳、裂缝、起麻点、不平整。

(7) 地面及楼面起砂、起壳、开裂。

(8) 门窗变形、缝隙过大、密封不严。

(9) 水暖电卫安装粗糙，不符合使用要求。

(10) 结构吊装就位偏差过大。

(11) 预制构件裂缝，预埋件移位，预应力张拉不足。

(12) 砖墙接槎或预留脚手眼不符合规范要求。

(13) 金属栏杆、管道、配件锈蚀。

(14) 墙纸粘贴不牢、空鼓、折皱、压平起光。

(15) 饰面板、饰面砖拼缝不平、不直、空鼓、脱落。

(16) 喷浆不均匀、脱色、掉粉等。

### 10.1.3 工程质量事故

工程质量事故是指在工程建设过程中或交付使用后，对工程结构安全、使用功能和外形观感影响较大，损失较大的质量损伤。如住宅阳台、雨篷倾覆，桥梁结构坍塌，大体积混凝土强度不足，管道、容器爆裂使气体或液体严重泄漏等等。

## 10.2　工程质量事故的特点及分类

### 10.2.1　特点

（1）经济损失达到较大的金额。

（2）有时造成人员伤亡。

（3）后果严重，影响结构安全。

（4）无法降级使用，难以修复时，必须推倒重建。

### 10.2.2　分类

各门类、各专业工程，各地区、不同时期界定建设工程质量事故的标准尺度不一，通常按损失严重程度可分为一般质量事故、严重质量事故、重大质量事故和特别重大事故。

1. 一般质量事故

一般质量事故是指由于质量低劣或达不到合格标准，需加固补强，且直接经济损失在 5 千元以上（含 5 千元）、5 万元以下的事故。一般质量事故由相当于县级以上建设行政主管部门负责牵头进行处理。

2. 严重质量事故

严重质量事故是指建筑物明显倾斜、偏移，结构主要部位发生超过规范规定的裂缝，强度不足，超过设计规定的不均匀沉降，影响结构安全和使用寿命，工程建筑物外形尺寸已造成永久性缺陷，且直接经济损失在 5 万元以上、10 万元以下的质量事故。严重质量事故由县级以上建设行政主管部门牵头组织处理。

3. 重大质量事故

具备下列条件之一时，即为重大质量事故：

（1）工程倒塌或报废。

（2）由于质量事故，造成人员伤亡。

（3）直接经济损失 10 万元以上。

按建设部规定，重大质量事故根据造成损失大小、死伤人员多少又分为如下四个等级：

1）凡造成死亡 30 人以上，或直接经济损失 300 万元人民币以上为一级。

2）凡造成死亡 10 人以上、29 人以下或直接经济损失 30 万元以上不满 300 万元为二级。

3）凡造成死亡 3 人以上、9 人以下或重伤 20 人以上或直接经济损失 30 万以上，不满 100 万元为三级。

4）凡造成死亡 2 人以下，或重伤 3 人以上、19 人以下或直接经济损失 10 万元以上，不满 30 万元为四级。

建设工程发生质量事故，有关单位应在 24h 内向当地建设行政主管部门和其他有关部门报告。

重大质量事故的处理职责为，凡三、四级重大事故由事故发生地的市县级建设行政主管部门牵头，提出处理意见，报当地人民政府批准。一、二级重大事故由省、自治区、直辖市建设行政主管部门牵头，提出处理意见，报到当地人民政府批准。凡事故发生单位属于国务院部委的，由国务院有关主管部门或其授权部门会同当地建设行政主管部门提出处理意见，报请当地人民政府批准。

4. 特别重大事故

凡具备国务院发布的《特别重大事故调查程序暂行规定》所列发生一次死亡 30 人及其以上，或直接经济损失达 500 万元及其以上，或其他性质特别严重，上述影响三个之一均属特别重大事故。

## 10.3 工程质量问题发生的原因

工程质量问题的表现形式千差万别，类型多种多样，例如，结构倒塌、倾斜、错位、不均匀或超量沉陷、变形、开裂、渗漏、强度不足、尺寸偏差过大等等，但究其原因，归纳起来主要有以下几方面。

### 10.3.1 违背建设程序和法规

1. 违反建设程序

建设程序是工程项目建设过程及其客观规律的反映，但有些工程不按建设程序办事，例如，不经可行性论证，未做调查分析就拍板定案；没有搞清工程地质情况就仓促开工；无证设计、无图施工；任意修改设计，不按图施工；不经竣工验收就交付使用等，它常是导致重大工程质量事故的重要原因。

2. 违反有关法规和工程合同的规定

例如，无证设计，无证施工，越级设计，越级施工，工程招、投标中的不公平竞争，超常的低价中标，擅自转包或分包，多次转包，擅自修改设计等。

### 10.3.2 工程地质勘察失误或地基处理失误

1. 工程地质勘察失误

例如，未认真进行地质勘察或勘探时钻孔深度、间距、范围不符合规定要求，地质勘察报告不详细、不准确、不能全面反映实际的地基情况等，或地下情况不清，对基岩起伏、土层分布误判，未查清地下软土层、墓穴、孔洞等，它们均会导致采用不恰当或错误的基础方案，造成地基不均匀沉降、失稳，使上部结构或墙体开裂、破坏，或引发建筑物倾斜、倒塌等质量事故。

2. 地基处理失误

对软弱土、杂填土、冲填土、大孔性土或湿隐性黄土、膨胀土、红黏土、熔岩、土洞、岩层出露等不均匀地基，未进行处理或处理不当也是导致重大事故的原因。必须根据不同地基的特点，从地基处理、结构措施、防水措施、施工措施等方面综合考虑，加以治理。

### 10.3.3 设计计算问题

例如，盲目套用图纸，采用不正确的结构方案，计算简图与实际受力情况不符，荷载取值过小，内力分析有误，沉降缝或变形缝设置不当，悬挑结构未进行抗倾覆验算，以及计算

错误等，都是引发质量事故的隐患。

### 10.3.4　建筑材料及制品不合格

例如，钢筋物理力学性能不良会导致钢筋混凝土结构产生裂缝或脆性破坏；骨料中活性氧化硅会导致碱骨料反应使混凝土产生裂缝；水泥安定性不良会造成混凝土爆裂；水泥受潮、过期、结块，砂石含泥量及有害物质含量、外加剂掺量等不符合要求时，会影响混凝土强度、和易性、密实性、抗渗性，从而导致混凝土结构强度不足、裂缝、渗漏、蜂窝等质量问题。此外，预制构件断面尺寸不足，支承锚固长度不足，未可靠地建立预应力值，漏放或少放钢筋，板面开裂等均可能出现断裂、坍塌事故。

### 10.3.5　施工与管理失控

施工与管理失控是造成大量质量问题的常见原因。其主要表现为：

(1) 图纸未经会审即仓促施工，或不熟悉图纸，盲目施工。

(2) 未经设计部门同意，擅自修改设计，或不按图施工。例如，将铰接做成刚接，将简支梁做成连续梁，用光圆钢筋代替异形钢筋等，导致结构破坏。挡土墙不按图设滤水层、排水导孔，导致压力增大，墙体破坏或倾覆。

(3) 不按有关的施工质量验收规范和操作规程施工。例如，浇筑混凝土时振捣不良，造成薄弱部位；砖砌体包心砌筑，上下通缝，灰浆不均匀饱满等均能导致砖墙或砖柱破坏。

(4) 缺乏基本结构知识，蛮干施工。例如，将钢筋混凝土预制梁倒置吊装，将悬挑结构钢筋放在受压区等均将导致结构破坏，造成严重后果。

(5) 施工管理紊乱，施工方案考虑不周，施工顺序错误，技术交底不清，违章作业，疏于检查、验收等，均可能导致质量问题。

### 10.3.6　自然条件影响

施工项目周期长，露天作业，受自然条件影响大，空气温度、湿度、暴雨、风、浪、洪水、雷电、日晒等均可能成为质量事故的诱因，施工中应特别注意并采取有效的措施预防。

### 10.3.7　建筑结构或设施的使用不当

对建筑物或设施使用不当也易造成质量问题。例如，未经校核验算就任意对建筑物加层，任意拆除承重结构部，任意在结构物上开槽、打洞、削弱承重结构截面等也会引起质量事故。

## 10.4　工程质量事故处理的依据

工程质量事故发生的原因是多方面的，有违反建设程序或法律法规的问题，也有技术上、设计上的失误，更多的是施工、管理或材料方面的原因。引发事故的原因不同，事故的处理措施也不同，事故责任的界定与承担也不同。总之，对于所发生的质量事故，无论是分析原因、界定责任，以及做出处理决定，都需要以切实可靠的客观依据为基础。

进行工程质量事故处理的主要依据有四个方面：质量事故的实况资料；具有法律效力

的，得到有关当事各方认可的工程承包合同、设计委托合同、材料或设备购销合同以及监理合同或分包合同等合同文件；有关的技术文件；档案和相关的建设法规。

在这四方面依据中，前三种是与特定的工程项目密切相关的具有特定性质的依据，第四种是法规性依据，具有很高权威性、约束性、通用性和普遍性的依据，因而它在工程质量事故的处理事物中，也具有极其重要的、不容置疑的作用。

### 10.4.1 质量事故的实况资料

质量事故的实况资料是指能反映质量事故的实际情况的原始资料。要搞清质量事故的原因和确定处理对策，首要的是要掌握事故的实际情况。有关质量事故实况的主要可来自以下几个方面：

1. 施工单位的质量事故调查报告

质量事故发生后，施工单位有责任就所发生的质量事故进行周密的调查、研究，掌握实际发生的情况，并在此基础上写出调查报告，提交监理工程师和业主。在调查报告中首先就与质量事故有关的实际情况做详尽的说明，其内容应包括：

（1）质量事故发生的时间、地点。

（2）质量事故状况的描述，例如，发生的事故类型（如砖砌体裂缝、混凝土裂缝），发生的部位（如楼层、梁、柱，及其所在的具体位置），分布状态及范围，严重程度（如裂缝长度、宽度、深度等）。

（3）质量事故发展变化的情况（其范围是否继续扩大，程度是否移交稳定等）。

（4）有关质量事故的观测记录、事故现场状态的照片或录像。

2. 监理单位编制的质量事故调查报告

监理单位调查的主要目的是要明确事故的范围、缺陷程度、性质、影响和原因，为事故的分析和处理提供依据。调查应力求全面、准确、客观。

调查报告的内容主要包括：

（1）与事故有关的工程情况。

（2）质量事故的详细情况，例如质量事故发生的时间、地点、部位、性质、现状及发展变化情况等。

（3）事故调查中有关的数据、资料和初步估计的直接损失。

（4）质量事故原因分析与判断。

（5）是否需要采取临时防护措施。

（6）事故处理及缺陷补救的建议方案与措施。

（7）事故设计的有关人员的情况。

### 10.4.2 有关合同及合同文件

工程项目所涉及的合同文件很多，通常有工程承包合同、设计委托合同、设备与器材购销合同、监理合同等。

各种合同和合同文件在处理质量事故中的作用，是确定在施工过程中有关各方是否按照合同有关条款实施其各自活动，借以探寻产生事故的可能原因。例如，施工单位在材料进场时，是否按规定或约定进行了检验，施工单位是否在规定时间内通知监理单位进行隐蔽工程

验收，监理单位是否按规定时间实施了检查验收等。此外，各种合同文件还是界定质量责任的重要依据。

### 10.4.3　有关的技术文件和档案

1. 设计文件

工程的施工图纸和技术说明等是工程施工的重要依据。在处理质量事故中，其作用一方面是可以对照设计文件，核查施工质量是否完全符合设计的规定和要求，另一方面是可以根据所发生的质量事故情况，核查设计中是否存在问题或缺陷。

2. 与施工有关的技术文件、档案和资料

（1）施工组织设计或施工方案、施工计划。

（2）施工记录、施工日志等。根据它们可以查对发生质量事故的情况，施工工艺与操作过程的情况，使用的材料等情况，施工场地、工作面、交通等情况，地质及水文地质情况等。借助这些资料可以追溯和探寻事故的可能原因。

（3）有关建筑材料的质量证明资料。例如，材料批次、出厂日期、出厂合格证或检验报告、施工单位抽检或试验报告等。

（4）现场制备材料的质量证明资料。例如，混凝土拌和料的级配、水灰比、坍落度记录，混凝土试块强度试验报告，沥青拌和料配比、出机温度和摊铺温度记录等。

（5）质量事故发生后，对事故状况的观测记录、试验记录或试验报告等。例如，对地基沉降的观测记录，对建筑物倾斜或变形的观测记录，对地基钻探取样记录与试验报告，对混凝土结构物钻取试样的记录与试验报告等。

（6）其他有关资料。

### 10.4.4　相关的建设法规

为加强建筑活动的监督管理，维护市场秩序，保证建设工程质量，提供法律保障，1998 年 3 月 1 日颁布实施《中华人民共和国建筑法》（以下简称《建筑法》）。这部工程建设和建筑业大法的实施，标志着我国工程建设和建筑业进入了法制管理新时期。通过几年的发展，国家已基本建立起以《建筑法》为基础与社会主义市场经济体制相适应的工程建设和建筑业法规体系，包括法律、法规、规章及示范文本等。与工程质量及质量事故处理有关的有以下几类，简述如下：

1. 勘察、设计、施工、监理等单位资质管理方面的法规

《建筑法》明确规定国家对从事建筑活动的单位实行资质审查制度。2001 年由建设部以部令发布的《建设工程勘察设计企业资质管理规定》、《建筑业企业资质管理规定》和《工程监理企业资质管理规定》等这方面的法规。这类法规主要内容涉及勘察、设计、施工和监理等单位的等级划分，明确各级企业应具备的条件，确定各级企业所能承担的任务范围以及其等级评定的申请、审查、批准、升降管理等方面。例如，《建筑业企业资质管理规定》中，明确规定建筑业企业经审查合格，取得相应等级的资质证书，方可在其资质等级许可的范围内从事建筑活动。

2. 从业者资格管理方面的法规

《建筑法》规定对注册建筑师、注册结构工程师和注册监理工程师等有关人员实行资格

认证制度。1995 年国务院颁布的《中华人民共和国注册建筑师条例》，1997 年建设部、人事部颁布的《监理工程师考试和注册试行办法》等。这类法规主要涉及建筑活动的从业者应具有相应的执业资格，注册等级划分，考试和注册办法，执业范围，权利、义务及管理等。例如，《注册结构工程师执业资格制度暂行规定》中明确注册结构工程师不得准许他人以本人名义执行业务。

3. 建筑市场方面的法规

这类法律、法规主要涉及工程发包、承包活动以及国家对建筑市场的管理活动。于 1999 年 1 月 1 日施行的《中华人民共和国合同法》和于 2000 年 1 月 1 日施行的《中华人民共和国招投标法》是国家对建筑市场管理的两个基本法律。与之相配套的法规有 2001 年国务院发布的《工程建设项目招标范围和规模标准的规定》、国家计委《工程项目自行招标的试行办法》、建设部《建筑工程设计招标投标管理办法》、2001 年国家计委等七部委联合发布的《评标委员会和评标方法的暂行规定》等以及 2001 年建设部发布的《建筑工程发包与承包价格计价管理办法》和与国家工商管理总局共同发布的《建设工程勘察合同》、《建筑工程设计合同》、《建设工程施工合同》和《建设工程监理合同》等示范文本。

这类法律、法规、文件主要是为了维护建筑市场的正常秩序和良好环境，充分发挥竞争机制，保证工程项目质量，提高建设水平。例如，《招标投标法》明确规定投标人不得以低于成本的报价竞标，就是防止恶性杀价竞争，导致偷工减料引起工程质量事故。《合同法》明文规定禁止承包人将工程分包给不具备相应资质条件的单位，禁止分包单位将其承包的工程再分包。建设工程主体结构的施工必须由承包人自行完成。对违反者处以罚款，没收非法所得直至吊销资质证书，这均是为了保证工程施工的质量，防止因操作人员素质低造成质量事故。

4. 建筑施工方面的法规

以《建筑法》为基础，国务院于 2000 年颁布了《建筑工程勘察设计管理条例》和《建设工程质量管理条例》。建设部于 1989 年发布《工程建设重大事故报告和调查程序的规定》，于 1991 年发布《建筑安全生产监督管理规定》和《建设工程施工现场管理规定》，于 1995 年发布《建筑装饰装修管理规定》，于 2000 年发布《房屋建筑工程质量保修办法》以及《关于建设工程质量监督机构深化改革的指导意见》、《建设工程质量监督机构监督工作指南》和《建设工程监理规范》等法规和文件。主要涉及施工技术管理、建设工程监理、建筑安全生产管理、施工机械设备管理和建设工程质量监督管理。它们与现场施工密切相关，因而与工程施工质量有密切关系或直接关系。

这类法律、法规文件涉及的内容十分广泛，其特点是大多与现场施工有直接关系。例如，《建设工程施工现场管理规定》明确对施工技术、安全岗位责任制度、组织措施制度，对施工准备、计划、技术、安全交底、施工组织设计编制、现场总平面布置等均做了详细规定。

特别是国务院颁布的《建设工程质量管理条例》，以《建筑法》为基础，全面系统地对与建设工程有关的质量责任和管理问题，作了明确的规定，可操作性强。它不但对建设工程的质量管理具有指导作用，而且是全面保证工程质量和处理工程质量事故的重要依据。

5. 标准化管理方面的法规

2000 年建设部颁布的《工程建设标准强制性条文》和《实施工程建设强制性标准》监督规定是典型的标准化管理类法规，它的实施为《建设工程质量管理条例》提供了技术法规

支持，是参与建设活动各方执行工程建设强制性标准和政府实施监督的依据，同时也是保证建设工程质量的必要条件，是分析处理工程质量事故，判定责任方的重要依据。一切工程建设的勘察、设计、施工、安装、验收都应按现行标准进行，不符合现行强制性标准的勘察报告不得报出，不符合强制性条文规定的设计不得审批，不符合强制性标准的材料、半成品、设备不得进场，不符合强制性标准的工程质量必须处理，否则不得验收、不得投入使用。

## 10.5　工程质量事故处理程序

工程质量管理人员应熟悉各级政府建设行政主管部门处理工程质量事故的基本程序，特别是应把握在质量事故处理过程中如何履行自己的职责。

工程质量事故发生后，应及时调查处理，调查的主要目的，是要确定事故的范围、性质、影响和原因，通过调查为事故的分析与处理提供依据，一定要力求全面、准确、客观。调查结果，要整理撰写成事故调查报告。

（1）当发现工程出现质量问题或事故后，总监理工程师应签发《工程暂停令》，并要求停止进行有质量问题部位和其有关部位及下道工序施工，应要求施工单位采取必要的防护措施，防止事故扩大并保护好现场。同时，要求质量事故发生单位迅速按类别和等级向相应的主管部门上报，并于 24 小时内写出书面报告。

质量事故报告应包括以下主要内容：

1）事故发生的单位名称，工程名称、部位、时间、地点。

2）事故概况和初步估计的直接损失。

3）事故发生原因的初步分析。

4）事故发生后采取的措施。

5）相关各种资料。

（2）各级主管部门处理权限及组成调查组权限如下：特别重大质量事故由国务院按有关程序和规定处理；重大质量事故由国家建设行政主管部门归口管理；严重质量事故由省、自治区、直辖市建设行政主管部门归口管理；一般质量事故由市、县级建设行政主管部门归口管理。

工程质量事故调查组由事故发生地的市、县以上建设行政主管部门或国务院有关主管部门组织成立。特别重大质量事故调查组组成由国务院批准；一、二级重大质量事故调查组由省、自治区、直辖市建设行政主管部门提出组成意见，人民政府批准；三、四级重大质量事故调查组由市、县级行政主管部门提出组成意见，相应级别人民政府批准；严重质量事故调查组由省、自治区、直辖市建设行政主管部门组织；一般质量事故调查组由市、县级建设行政主管部门组织；事故发生单位属国务院部位的，由国务院有关主管部门或其授权部门会同当地建设行政主管部门组织调查组。

（3）质量管理人员在事故调查组展开工作后，应积极协助，客观地提供相应证据。质量事故调查组的职责是：

1）查明事故发生的原因、过程、事故的严重程度和经济损失情况。

2）查明事故的性质、责任单位和主要责任人。

3）组织技术鉴定。

4）明确事故主要责任单位和次要责任单位，承担经济损失的划分原则。

5）提出技术处理意见及防止类似事故再次发生应采取的措施。

6）提出对事故责任单位和责任人的处理建议。

7）写出事故调查报告。

（4）当质量管理人员接到质量事故调查组提出的技术处理意见后，可组织相关单位研究，并责成相关单位完成技术处理方案，并予以审核签认。质量事故技术处理方案，一般应委托原设计单位提出，由其他单位提供的技术处理方案，应经原设计单位同意签认。技术处理方案的制定，应征求建设单位意见。确定技术处理方案必须依据充分，应在质量事故的部位、原因全部查清的基础上，委托法定工程质量检测单位进行质量鉴定或请专家论证，以确保技术处理方案可靠、可行，保证结构安全和使用功能。

事故处理方案的制订应以事故原因分析为基础。如果某些事故一时认识不清，而且事故一时不致产生严重的恶化，可以继续进行调查、观测，以便掌握更充分的资料数据，作进一步分析，找出原因，以利制订方案。切忌急于求成，不能对症下药，采取的处理措施不能达到预期效果，造成反复处理的不良后果。

制定的事故处理方案，应体现安全可靠，不留隐患，满足建筑物的功能和使用要求，技术可行，经济合理等原则。如果一致认为质量缺陷不需专门的处理，必须经过充分的分析、论证。

（5）技术处理方案核签后，要求施工单位制定详细的施工方案，必要时应编制实施细则，对工程质量事故技术处理施工过程中，对于一些关键部位和关键工序应进行旁站，并会同设计、建设等有关单位共同检查认可。发生的质量事故不论是否由于施工承包单位方面的责任原因造成的，质量事故的处理通常都是由施工承包单位负责实施。如果不是施工单位方面的责任原因，则处理质量事故所需的费用或延误的工期，应给予施工单位补偿。

（6）对施工单位完工自检后报验的结果，组织有关各方进行检查验收，必要时应进行处理结果鉴定。要求事故单位整理编写质量事故处理报告，并审核签认，组织将有关技术资料归档。

工程质量事故处理报告主要内容：

1）工程质量事故情况、调查情况、原因分析（选自质量事故调查报告）。

2）质量事故处理的依据。

3）质量事故技术处理方案。

4）实施技术处理施工中有关问题和资料。

5）对处理结果的检查鉴定和验收。

6）质量事故处理结论。

7）签发《工程复工令》，恢复正常施工。

## 10.6 工程质量事故处理方案和鉴定验收

### 10.6.1 工程质量事故处理方案

1. 不作处理

某些工程质量问题虽然不符合规定的要求和标准构成质量事故，但经过分析、论证、法

定检测单位鉴定和设计等有关单位认可，对工程或结构使用及安全影响不大，也可不作专门处理。通常不用专门处理的情况有以下几种：

（1）不影响结构安全和正常使用。某些隐蔽部位结构混凝土表面裂缝，经检查分析，属于表面养护不够的干缩微裂，不影响使用及外观。有的工业建筑物出现放线定位偏差，且严重超过规范标准规定，若要纠正会造成重大经济损失，经过分析、论证其偏差不影响生产工艺和正常使用，在外观上也无明显影响，也可不作处理。

（2）有些质量问题，经过后续工序可以弥补。例如，混凝土墙表面轻微的蜂窝、麻面，可通过后续的抹灰、喷涂或刷白等工序弥补，也可不作专门处理。

（3）经法定检测单位鉴定合格。

某检验批混凝土试块强度值不满足规范要求，强度不足，在法定检测单位对混凝土实体采用非破损检验等方法测定其实际强度已达规范允许和设计要求值时，可不作处理。对经检测未达要求值，但相差不多，经分析论证，只要使用前经再次检测达到设计强度，也可不作处理，但应严格控制施工荷载。

（4）出现的质量问题，经检测鉴定达不到设计要求，但经原设计单位核算，仍能满足结构安全和使用功能。

某一结构构件截面尺寸不足或材料强度不足，影响结构承载力，但经按实际检测所得截面尺寸和材料强度复核验算，仍能满足设计的承载力，可不进行专门处理。这种处理方式实际上是挖掘了设计潜力或降低了设计的安全系数。

2. 修补处理

通常当工程的某个检验批、分项或分部的质量虽未达到规范、标准或设计要求，存在一定缺陷，但通过修补或更换器具、设备后还可达到要求的标准，又不影响使用功能和外观要求，在此情况下，可以进行修补处理。

属于修补处理这类具体方案很多，例如，封闭保护、复位纠偏、结构补强、表面处理等。某些事故造成的结构混凝土表面裂缝，可根据其受力情况，仅做表面封闭保护。某些混凝土结构表面的蜂窝、麻面，经调查分析，可进行剔凿、抹灰等表面处理，一般不会影响使用和外观。

对较严重的质量问题，可能影响结构的安全性和使用功能，必须按一定的技术方案进行加固补强处理，这样往往会造成一些永久性缺陷，如改变结构外形尺寸，影响一些次要的使用功能等。

3. 返工处理

当工程质量存在着严重质量问题，对结构的使用和安全构成重大影响，且又无法通过修补处理的情况下，可对检验批、分项、分部甚至整个工程返工处理。例如，某防洪堤坝填筑压实后，其压实土的干密度未达到规定值，经核算将影响土体的稳定且不能满足抗渗能力要求时，可挖除不合格土，重新填筑，进行返工处理。又如某公路桥梁工程预应力按规定张力系数为 1.03，实际仅为 0.9，属于严重的质量缺陷，也无法修补，只有返工处理。对某些存在严重质量缺陷，且无法采用加固补强等修补处理或修补处理费用比原工程造价还高的工程，应进行整体拆除，全面返工。

工程质量管理人员应牢记，不论哪种情况，特别是不作处理的质量问题，均要备好必要的书面文件，对技术处理方案、不作处理结论和各方协商文件等有关档案资料认真组织签认。对责任各方应承担的经济责任和合同中约定的法则应正确判定。

### 10.6.2　质量事故处理的应急措施

建筑工程施工中，质量事故往往随时间、环境、施工情况等变化而发展变化，有时，一个混凝土构件的细微裂缝，可能逐步发展成构件断裂；某个基础的局部沉降、变形，可能致使房屋倒塌。为此，在处理质量问题前，应及时对问题的性质进行分析，作出判断，对那些随着时间、温度、湿度、荷载条件变化的变形、裂缝要认真观测记录，寻找变化规律及可能产生的恶果；对那些表面的质量问题，要进一步查明问题的性质是否会转化；对那些可能发展成为构件断裂、房屋倒塌的恶性事故，更要及时采取应急补救措施。

在拟定应急措施时，应注意以下事项：

(1) 对危险性较大的质量事故，首先应予以封闭或设立警戒区，只有在确认不可能倒塌或进行可靠支护后，方准许进入现场处理，以免人员伤亡。

(2) 对需要进行部分拆除的事故，应充分考虑事故对相邻区域结构的影响，以免事故进一步扩大，且应制定可靠的安全措施和拆除方案，要严防对原有事故的处理引发新的事故，如偷梁换柱，稍有疏忽将会引起整幢房屋的倒塌。

(3) 凡涉及结构安全的情况，都应对处理阶段的结构强度、刚度和稳定性进行验算，提出可靠的防护措施，并在处理中严密监视结构的稳定性。

(4) 在不卸荷条件下进行结构加固时，要注意加固方法和施工荷载对结构承载力的影响。

(5) 要充分考虑对事故处理中所产生的附加内力对结构的作用以及由此引起的不安全因素。

### 10.6.3　工程质量事故处理方案的鉴定验收

质量事故的技术处理是否达到了预期目的，施工现场质量管理人员应进行验收并予以初步确认。

1. 检查验收

工程质量事故处理完成后，工程质量管理人员应严格按施工验收标准及有关规范的规定进行，结合旁站、巡视和平行检验结果，依据质量事故技术处理方案的要求，通过实际量测，检查各种资料数据进行验收，填写报表报相关单位办理交工验收文件。

2. 必要的鉴定

为确保工程质量事故的处理效果，凡涉及结构承载力等使用安全和其他重要性能的处理工作，常需做必要的试验和检验鉴定工作，或质量事故处理施工过程中建筑材料及构配件保证资料严重缺乏，或对检查验收结果各参与单位有争议时，常见的检验工作有：混凝土钻芯取样，用于检查密实性和裂缝修补效果或检测实际强度；结构荷载试验，确定其实际承载力；超声波检测焊接或结构内部质量；池、罐、箱、柜工程的渗漏检验等。检测鉴定必须委托政府批准的有资质的法定检测单位进行。

3. 验收结论

对所有质量事故无论经过技术处理，通过检查鉴定验收还是不需专门处理的，均应有明确的书面结论。若对后续工程施工有特定要求，或对建筑物使用有一定限制条件，应在结论

中提出。验收结论通常有以下几种：

（1）事故已排除，可以继续施工。

（2）隐患已消除，结构安全有保证。

（3）经修补处理后，完全能够满足使用要求。

（4）基本上满足使用要求，但使用时应有附加限制条件，如限制荷载等。

（5）对耐久性的结论。

（6）对建筑物外观影响的结论。

（7）对短期内难以作出结论的，可提出进一步观测检验意见。对于处理后符合《建筑工程施工质量验收统一标准》规定的，请监理工程师应予以验收确认，并应注明责任方主要承担的经济责任。对经加固补强或返工处理仍不能满足安全使用要求的分部工程、单位（子单位）工程，应拒绝验收。

## 10.7　工程质量缺陷、通病和质量事故处理案例

**【例 10 - 1】**　混凝土墙体开裂原因分析和处理

（1）背景。

某市拟兴建运动员公寓，建筑面积 37 869m$^2$，地上 16 层，地下 3 层。主体采用剪力墙结构，基础采用箱形基础，基坑采用大开挖的施工方法，地下防水采用防水混凝土。工程由市建工集团施工总承包，于 2006 年 4 月 18 日开工建设，2007 年 12 月 30 日竣工。施工中发生如下事件：

事件 1：地基基础施工过程中，由于降雨导致地基土被水浸泡。

事件 2：地下室外壁防水混凝土施工缝有多处出现渗漏水。

事件 3：屋面卷材防水施工过程中，发现有一些数十毫米的小鼓泡。

（2）问题。

1）对事件 1 的问题应采用什么方法进行治理？

2）试述事件 2 产生的原因和治理方法。

3）对事件 3 出现的原因和治理方法是什么？

（3）分析与解答。

1）治理。

①被水淹泡的基坑应采取措施，将水引走排净。

②设置截水沟，防止水刷边坡。

③已被水浸泡扰动的土，采取排水晾晒后夯实，或抛填碎石、小块石夯实，或换土夯实（3∶7 灰土），或挖出淤泥加深基础。

2）原因分析。

①施工缝的位置不当。

②在支模和绑钢筋的过程中，锯末、铁钉等杂物掉入缝内没有及时清除，浇筑上层混凝土后，在新旧混凝土之间形成夹层。

③在浇筑上层混凝土时，没有先在施工缝处铺一层水泥浆或水泥砂浆，上、下层混凝土不能牢固黏结。

④钢筋过密，内外模板距离狭窄，混凝土浇捣困难，施工质量不易保证。

⑤下料方法不当，骨料集中于施工缝处。

⑥浇筑地面混凝土时，因工序衔接等原因造成新旧接槎部位产生收缩裂缝。

治理方法：

①根据渗漏、水压大小情况，采用促凝胶浆灌浆堵漏。

②不渗漏的施工缝，可沿缝剔成八字形凹槽，将松散石子剔除，刷洗干净，用水泥素浆打底，抹1：2.5水泥砂浆找平压实。

3）原因分析。

在卷材防水层中黏结不实的部位，窝有水分和气体。当其受到太阳照或人工热源影响后，体积膨胀，造成鼓泡。

治理：直径100mm以下的中、小鼓泡可用抽气灌胶法治理，并压上几块砖，几天后再将砖移去即成。

**【例10-2】** 工程质量事故处理

（1）背景。

红云装饰公司进行一办公楼的装修改造工程施工，施工合同中已明确有800m$^2$的铝合金窗安装任务；而甲方材料处与某钢窗厂签订供销合同，同时又明确由该厂派队伍进行铝合金窗安装施工。该厂在铝合金窗安装过程中，没有落实“按铝合金窗工艺规程安装”的合同要求。其他单位也无人过问窗框与墙体洞口没做缝隙密封这一关键质量问题。而装饰公司在明知该铝合金框没做嵌缝密封的情况下，为了抢工期进行了抹灰、贴面砖施工，留下了质量隐患。该楼在验收前正逢雨期，发现有60%铝合金外窗严重渗水。该质量事故发生后，甲方有权进行事故分析和处理，并追查责任。

（2）问题。

1）工程质量事故处理的一般程序是什么？

2）工程质量事故处理报告基本要求是什么？

3）人们对该办公楼铝合金窗安装所发生的质量事故，有如下一些不同的议论和看法，你认为哪些是正确的或错误的？

①该办公楼大面积外窗渗水事故的基本原因是甲方分解工程，管理混乱；铝合金窗的施工单位未按有关的工艺要求施工，窗框与墙洞没做嵌缝密封，装饰公司为了抢工期明知窗洞没做嵌缝时就做面层，以致留下了质量隐患；监理工程师有失职行为，未按监理程序和有关规定进行监控。（　　）

②根据该楼铝合金窗渗水事故的原因分析，甲方、两个施工单位和监理单位各方都有责任，但是甲方应负主要责任。（　　）

③选定的施工单位进驻施工，未经红云装饰公司同意即进场施工，故此事故红云公司无责任。（　　）

④应由甲方出面协调和理顺各单位之间的工作关系，以免造成现场管理混乱，各行其是。（　　）

⑤该楼铝合金窗施工时属于监理被委托的工程范围，发现施工质量有问题时，监理有权下停工令，让施工单位进行停工整改。（　　）

（3）分析与解答。

1）工程质量事故处理的一般程序是：

①事故调查。

②事故的原因分析。

③与有关单位共商处理方案（或处理措施）。

④批准处理方案，然后予以实施。

⑤事故处理中必须加强质量检查和验收。

⑥提交事故处理报告。

2）工程质量事故处理报告基本要求是：

①安全可靠，不留隐患，满足建筑功能和使用要求。

②处理要做到技术可行、经济合理、施工方便。

③关于质量事故正确与否的答案如下：

①√　②×　③×　④×　⑤√

**【例 10 - 3】** 工程质量事故处理

（1）背景。

某旧建筑外装饰改造工程主立面采用隐框玻璃幕墙。原主体结构是 6 层钢筋混凝土框架结构，烧结普通砖填充墙。幕墙与主体结构采用后置埋件连接，每块埋件用 4 个 M8 膨胀型锚栓锚固。因为幕墙构造需要，在填充墙上也采用后置埋件连接。在施工前，施工单位在现场室内混凝土构件上埋置了 2 块后置埋件，并委托施工单位（集团公司）直属的有专业检测资质的检测中心对这 2 块后置埋件进行了检测，作为后置埋件检测的依据。

（2）问题。

1）本工程选用的后置埋件的规格是否正确？为什么？

2）普通砖墙上是否可以作为幕墙的支撑点？若必须在砖墙上设置支撑点时，应采取什么措施？

3）为保证后置埋件与主体结构连接可靠，应对其进行何种检测？施工单位委托的检测单位可否承担本工程的检测任务？为什么？

4）检测的样本是否正确？为什么？

（3）分析与解答。

1）不正确。采用后置埋件所用的 M8 锚栓直径太小，规范要求锚栓直径应通过承载力计算确定，并不得小于 M10。

2）不可以。若因构造要求，必须在砖墙上设支撑点时，应加设钢筋混凝土柱、梁等构件埋件作为支撑点，并须经原建筑设计单位认可。

3）使用后置埋件应进行承载力（拉拔力）现场试验。施工单位（集团公司）下属的检测中心不可承担本工程的检测任务，因为有关文件规定，检测机构不得与所检测过程项目相关的设计、施工、监理单位有隶属关系或其他利害关系。

4）施工单位提供的检测样本不正确。因为：

①检测的样本是施工单位特地在室内埋设的后置埋件，没有代表性；

②检测的数量应根据不同的规格、型号按规范规定的比例在现场随机抽样检测。

**【例 10 - 4】** 加气混凝土基层抹灰裂缝、空鼓产生的原因是什么。如何预防？

**【解答】** 加气混凝土基层抹灰空鼓、裂缝产生的原因及防治措施，见表10-1。

**表10-1　加气混凝土基层抹灰空鼓、裂缝产生的原因及防治措施**

| 原因分析 | 防治措施 |
|---|---|
| 1. 基层清理不干净或处理不当。<br>2. 基层砌筑偏差较大，未先处理凹凸不平就大面积抹灰。<br>3. 门窗口构造不正确或处理不当。<br>4. 抹灰程序未按加气混凝土基层的特殊情况考虑 | 1. 墙体表面浮灰，松散颗粒应在抹灰前认真清扫干净，提前两天（每天2～3次）浇水使渗水深度达到8～10mm。<br>2. 底层灰砂浆强度不易过高。一般应选用1∶3石灰砂浆或1∶1∶6的混合砂浆。<br>3. 抹石灰砂浆应先刷界面剂一道。<br>4. 抹混合砂浆先刷一道水泥浆（内掺水泥重量10%～15%的胶）。<br>5. 在门、窗洞口应砌砖砌体，增加墙体与门、窗框连接强度。<br>6. 底灰抹好后，随即喷防裂剂 |

**【例10-5】** 混凝土顶棚抹灰空鼓、裂缝产生的原因是什么？如何预防？

**【解答】** 混凝土顶棚抹灰空鼓、裂缝产生的原因及防治措施，见表10-2。

**表10-2　混凝土顶棚抹灰空鼓、裂缝产生的原因及防治措施**

| 原因分析 | 防治措施 |
|---|---|
| 1. 基层未清理干净，抹灰前浇水不透。<br>2. 预制混凝土楼板安装不平，相邻板高差较大，抹灰厚薄不均。<br>3. 板缝“吊缝”浇筑不密实，在挠曲变形的情况下，沿板缝方向产生裂缝。<br>4. 砂浆配合比不当或底子灰与板黏结不牢 | 1. 现浇混凝土不应有夹渣，混凝土板面的杂物、油污必须先清理干净，板面有蜂窝、麻面，应先修补抹平。<br>2. 板缝应用C20混凝土浇筑密实，然后用1∶2水泥勾缝找平。<br>3. 混凝土板抹灰前应浇水湿透，宜采用1∶1水泥砂浆内掺20%的乳胶浆料做小拉毛结合层 |

**【例10-6】** 如何防止室内饰面砖的空鼓、脱落？

**【解答】** 质量控制措施有以下几个方面：

（1）基层清理干净，表面修补平整，墙面洒水湿透。

（2）釉面砖使用前，必须清理干净，用水浸泡到釉面砖不冒气泡为止，并不应小于2h，取出待表面晾干后方可粘贴。

（3）釉面砖黏结砂浆厚度一般控制在7～10mm之间，过厚或过薄均易产生空鼓。必要时使用掺有水泥质量的3%的丹利胶或108胶水泥砂浆，以改良砂浆的和易性和保水性，并且能够起到缓凝作用，增加黏结力，减少黏结层的厚度，校正时间也可得到延长。

（4）当采用混合砂浆黏结层时，粘贴后的釉面砖，可用灰匙木柄轻轻敲击。当采用丹利胶或108胶聚合物水泥砂浆粘结层时，可用手轻压，并用橡皮锤轻轻敲击，使其与底层黏结牢固。黏结不良时，取下重贴，不得在砖口塞灰。

（5）当该施工部位施工完成后发现釉面砖有空鼓或脱落时，应取下釉面砖，铲去原有砂浆黏结层，采用聚合物水泥砂浆粘贴修补。

**【例10-7】** 如何防止外墙饰面砖空鼓、脱落？

**【解答】** 外墙饰面砖空鼓、脱落是必须严格控制的质量问题，因为这绝不仅仅关系到装饰效果的问题，而常常关系到人身安全。应在以下几个方面进行控制：

（1）在结构施工时，外墙应尽可能按清水墙标准，做到平整垂直，为饰面工程创造条件。

（2）当外墙为旧墙面时，首先要控制外墙的垂直度、平整度，对于基层表面平整度偏差较大的，要进行处理，对极个别凸出的点要剔平，对凹墙面要分层找平，以防找平层薄厚不一致，发生收缩。

（3）冬季气温低，砂浆受冻，春天化冻后容易发生脱落。因此，在进行室外贴面砖操作时，应保持正温5℃以上施工，当必须在冬季施工时，应有保证工程质量的可靠措施，夏季镶贴时要防止暴晒，当温度在35℃以上施工时要采取遮阳措施。

（4）应将基层存留的砂浆、尘土和油污等清理干净，要镶贴在粗糙的基体或基层上，光滑的基体或基层镶贴前应进行处理。

（5）面砖在使用前必须清洁干净，并用水浸泡。表面晾干后（外干内湿）才能使用。使用不清洁的、未浸泡的干面砖，表面有积灰，砂浆不易黏结，而且由于面砖吸水性强，把砂浆中的水分很快吸收掉，容易减弱黏结力。面砖浸泡后未晾干，湿面砖表面附水使贴面砖时产生浮动，均能使面砖空鼓。

（6）控制好砂浆配合比和胶粘剂的耐水、耐老化性，面砖镶贴后在适当时间应洒水养护。

（7）粘贴面砖时砂浆要饱满，但使用砂浆过多，面砖也不易贴平。如果多敲会造成浆水集中到面砖底部或溢出，初凝后形成空鼓，特别是垛子、阳角处贴面砖时更应注意，否则容易产生阳角处不平直和空鼓，导致面砖脱落。面砖缝要填塞密实、牢固、光滑，防止雨水渗入而发生空裂。

（8）在面砖粘贴过程中，要做到一次成活不宜多动，尤其是砂浆初凝后纠偏移动，容易引起空鼓。粘贴砂浆一般可采用1：0.2：2的混合砂浆，要做到配合比准，砂浆在使用过程中不要掺水或加灰。

（9）认真做好勾缝。勾缝用1：1水泥砂浆（砂子过筛）分2次进行，第一次用一般水泥砂浆勾缝，第二次用按设计要求的彩色水泥砂浆，勾成凹缝，凹进砖面深度一般为3mm。相邻面砖不留勾缝处，应用与面砖相同颜色的水泥浆擦缝，擦缝时面砖上的残浆必须及时清除，不留痕迹。

**【例10-8】** 对水泥砂浆防水层如何验收？出现空鼓现象应如何处理？

**【解答】** 水泥砂浆防水层属刚性防水层，适应变形能力较差，必须与基层黏结牢固并连成一体。共同承受外力及压力水的作用。规范规定，水泥砂浆防水层宜采用多层抹压法施工，水泥砂浆防水层各层之间必须黏结牢固，无空鼓现象。检查数量按防水面积每$100m^2$抽查一处，每处$10m^2$，且不得少于3处。检查方法有观察检查和用小锤轻击检查。

对水泥砂浆防水层出现空鼓现象应按以下规定处理：

（1）对单个空鼓面积不大于$0.01m^2$且无裂缝时，一般可不做修补，局部单个空鼓不大于$0.01m^2$或其面积不大，但裂缝显著的，应予返修。

（2）对已经出现大面积空鼓的严重缺陷，应由施工单位提出技术处理方案，并经监理（建设）单位认可后进行处理。

（3）对水泥砂浆防水层经处理后的部位，应重新检查验收。

## 本章练习题

1. 熟悉工程质量缺陷、通病和事故的概念。
2. 了解工程质量事故的特点及分类。
3. 工程质量问题发生的原因有哪些?
4. 工程质量事故处理的依据有哪些?
5. 工程质量事故处理方案有哪些?

第11章

# 建筑工程质量资料管理

## 11.1 开工前资料

1. 中标通知书及施工许可证
2. 施工合同
3. 委托监理工程的监理合同
4. 施工图审查批准书及施工图审查报告
5. 质量监督登记书
6. 质量监督交底要点及质量监督工作方案
7. 岩土工程勘察报告
8. 施工图会审记录
9. 经监理（或业主）批准所施工组织设计或施工方案
10. 开工报告
11. 质量管理体系登记表
12. 施工现场质量管理检查记录
13. 技术交底记录
14. 测量定位记录

## 11.2 质量验收资料

1. 地基验槽记录
2. 基桩工程质量验收报告
3. 地基处理工程质量验收报告
4. 地基与基础分部工程质量验收报告
5. 主体结构分部工程质量验收报告
6. 特殊分部工程质量验收报告
7. 线路敷设验收报告
8. 地基与基础分部及所含子分部、分项、检验批质量验收记录
9. 主体结构分部及所含子分部、分项、检验批质量验收记录
10. 装饰装修分部及所含子分部、分项、检验批质量验收记录
11. 屋面分部及所含子分部、分项、检验批质量验收记录
12. 给水、排水及采暖分部及所含子分部、分项、检验批质量验收记录

13. 电气分部及所含子分部、分项、检验批质量验收记录
14. 智能分部及所含子分部、分项、检验批质量验收记录
15. 通风与空调分部及所含子分部、分项、检验批质量验收记录
16. 电梯分部及所含子分部、分项、检验批质量验收记录
17. 单位工程及所含子单位工程质量竣工验收记录
18. 室外工程的分部（子分部）、分项、检验批质量验收记录

## 11.3 试验资料

1. 水泥物理性能检验报告
2. 砂、石检验报告
3. 各强度等级混凝土配合比试验报告
4. 混凝土试件强度统计表、评定表及试验报告
5. 各强度等级砂浆配合比试验报告
6. 砂浆试件强度统计表及试验报告
7. 砖、石、砌块强度试验报告
8. 钢材力学、弯曲性能检验报告及钢筋焊接接头拉伸、弯曲检验报告或钢筋机械连接接头检验报告
9. 预应力筋、钢丝、钢绞线力学性能进场复验报告
10. 桩基工程试验报告
11. 钢结构工程试验报告
12. 幕墙工程试验报告
13. 防水材料试验报告
14. 金属及塑料的外门、外窗检测报告（包括材料及三性）
15. 外墙饰面砖的拉拔强度试验报告
16. 建（构）筑物防雷装置验收检测报告
17. 有特殊要求或设计要求的回填土密实度试验报告
18. 质量验收规范规定的其他试验报告
19. 地下室防水效果检查记录
20. 有防水要求的地面蓄水试验记录
21. 屋面淋水试验记录
22. 抽气（风）道检查记录
23. 节能、保温测试记录
24. 管道、设备强度及严密性试验记录
25. 系统清洗、灌水、通水、通球试验记录
26. 照明全负荷试验记录
27. 大型灯具牢固性试验记录
28. 电气设备调试记录
29. 电气工程接地、绝缘电阻测试记录

30. 制冷、空调、管道的强度及严密性试验记录
31. 制冷设备试运行调试记录
32. 通风、空调系统试运行调试记录
33. 风量、温度测试记录
34. 电梯设备开箱检验记录
35. 电梯负荷试验、安全装置检查记录
36. 电梯接地、绝缘电阻测试记录
37. 电梯试运行调试记录
38. 智能建筑工程系统试运行记录
39. 智能建筑工程系统功能测定及设备调试记录
40. 单位（子单位）工程安全和功能检验所必需的其他测量、测试、检测、检验、试验、调试、试运行记录

## 11.4　材料、产品、构配件等合格证资料

1. 水泥出厂合格证（含 28d 补强报告）
2. 砖、砌块出厂合格证
3. 钢筋、预应力、钢丝、钢绞线、套筒出厂合格证
4. 钢桩、混凝土预制桩、预应力管桩出厂合格证
5. 钢结构工程构件及配件、材料出厂合格证
6. 幕墙工程配件、材料出厂合格证
7. 防水材料出厂合格证
8. 金属及塑料门窗出厂合格证
9. 焊条及焊剂出厂合格证
10. 预制构件、预拌混凝土合格证
11. 给排水与采暖工程材料出厂合格证
12. 建筑电气工程材料、设备出厂合格证
13. 通风与空调工程材料、设备出厂合格证
14. 电梯工程设备出厂合格证
15. 智能建筑工程材料、设备出厂合格证
16. 施工要求的其他合格证

## 11.5　施工过程资料

1. 设计变更、洽商记录
2. 工程测量、放线记录
3. 预检、自检、互检、交接检记录
4. 建（构）筑物沉降观测测量记录
5. 新材料、新技术、新工艺施工记录

6. 隐蔽工程验收记录
7. 施工日志
8. 混凝土开盘报告
9. 混凝土施工记录
10. 混凝土配合比计量抽查记录
11. 工程质量事故报告单
12. 工程质量事故及事故原因调查、处理记录
13. 工程质量整改通知书
14. 工程局部暂停施工通知书
15. 工程质量整改情况报告及复工申请
16. 工程复工通知书

## 11.6 必要时应增补的资料

1. 勘察、设计、监理、施工（包括分包）单位的资质证明
2. 建设、勘察、设计、监理、施工（包括分色）单位的变更、更换情况及原因
3. 勘察、设计、监理单位执业人员的执业资格证明
4. 施工（包括分包）单位现场管理售货员及各工种技术工人的上岗证明
5. 经建设单位（业主）同意认可的监理规划或监理实施细则
6. 见证单位派驻施工现场设计代表委托书或授权书
7. 设计单位派驻施工现场设计代表委托书或授权书
8. 其他

## 11.7 竣工资料

1. 施工单位工程竣工报告
2. 监理单位工程竣工质量评价报告
3. 勘察单位勘察文件及实施情况检查报告
4. 设计单位设计文件及实施情况检查报告
5. 建设工程质量竣工验收意见书或单位（子单位）工程质量竣工验收记录
6. 竣工验收存在问题整改通知书
7. 竣工验收存在问题整改验收意见书
8. 工程的具备竣工验收条件的通知及重新组织竣工验收通知书
9. 单位（子单位）工程质量控制资料核查记录（质量保证资料审查记录）
10. 单位（子单位）工程安全和功能检验资料核查及主要功能抽查记录
11. 单位（子单位）工程观感质量检查记录（观感质量评定表）
12. 定向销售商品房或职工集资住宅的用户签收意见表
13. 工程质量保修合同（书）
14. 建设工程竣工验收报告（由建设单位填写）

15. 竣工图（包括智能建筑分部）

## 11.8　建筑工程质量监督存档资料

1. 建设工程质量监督登记书
2. 施工图纸审查批准及建筑工程施工图审查报告
3. 单位工程质量监督工作方案
4. 建设工程质量监督交底会议通知书及交底要点
5. 建设工程质量监督记录
6. 建设工程质量管理体系登记表
7. 施工现场质量管理检查记录
8. 地基、基桩工程质量监督验收检查通知书
9. 地基验槽记录及基桩工程质量验收报告
10. 地基、基桩工程质量核查记录
11. 设计单位出具（或认可）的地基处理措施及地基处理工程质量验收报告
12. 地基与基础分部工程质量监督验收检查通知书及验收报告
13. 地基与基础分部工程质量核查记录
14. 主体结构分部工程质量监督验收检查通知书及验收报告
15. 主体结构分部工程质量核查记录
16. 特殊部分工程质量监督验收检查通知书及验收报告
17. 线路敷设工程质量监督验收检查通知书及验收报告
18. 钢材力学、弯曲性能检查报告及钢结构焊接接头拉伸、弯曲检验报告
19. 预应力筋、钢丝、钢绞线力学性能进场复验报告
20. 水泥物理性能检验报告
21. 混凝土试件强度统计表、评定表试验报告
22. 装配或预制构件结构性能检验合格证及施工接头、拼缝的混凝土承受施工满载、全部满载时试件强度试验报告
23. 防水混凝土、喷射混凝土抗压、抗渗试验报告及锚杆抗拔力试验报告
24. 地基处理工程中各类地基和各类复合地基施工完成后的地基强度（承载力）检验结果
25. 桩基工程基桩试验报告
26. 砂浆强度统计表及试件试验报告
27. 砖、石、砌块强度检验报告
28. 建筑工程材料有害物质及室内环境的检测报告
29. 防水材料（包括止水带条和接缝密封材料）、保温隔热及密封材料的复验报告
30. 金属及塑料外门、外窗复验报告（包括材料、风压性、气透性、水渗性）
31. 外墙饰面砖的拉拔强度试验报告
32. 各类电梯、自动扶梯、自动人行道安装工程的整机安装验收报告
33. 各类设备安装工程的隐蔽验收、系统联动、系统调试及系统安装验收记录

34. 混凝土楼面板厚度钻孔抽查记录
35. 工程质量事故报告单
36. 工程质量整改通知书及工程局部暂停施工通知书
37. 工程质量复工意见书及工程质量复工通知书
38. 单位（子单位）工程质量控制资料核查记录（质量保证资料审查记录）
39. 单位（子单位）工程安全和功能检验资料核查及主要功能抽查记录
40. 单位（子单位）工程观感质量检查记录（观感质量评定表）
41. 施工单位工程竣工报告
42. 监理单位工程竣工质量评价报告
43. 勘察单位勘察文件及实施情况检查报告
44. 设计单位设计文件及实施情况检查报告
45. 建设工程竣工验收报告
46. 工程竣工验收监督检查通知书
47. 质量保证资料核查记录
48. 单位（子单位）工程质量竣工验收记录（工程质量竣工验收意见书）
49. 重新组织竣工验收通知书
50. 工程竣工复验意见书
51. 竣工验收存在问题整改通知书及存在问题整改验收意见书
52. 工程质量保修合同
53. 单位（子单位）工程质量监督报告

# 模 拟 试 题

## 质量员专业管理实务模拟试题 A

### 一、填空题

1. 建筑工程采用的（ ）、（ ）、（ ）、（ ）、（ ）和（ ）应进行现场验收。凡涉及安全、功能的有关产品，应按各（ ）规定进行复验，并应经监理工程师（建设单位技术负责人）检查认可。

2. 检验批的质量应按（ ）和（ ）验收。

3. 地基基础工程施工中采用的工程技术文件、承包合同文件对施工质量验收的要求不得（ ）于《建筑地基基础工程施工质量验收规范》的规定。

4. 承担见证取样检测及有关结构安全检测的单位应具有（ ）资质。

5. 工程的观感质量应由验收人员通过（ ），并应（ ）确认。

6. 具备（ ）条件并能形成（ ）的建筑物及构筑物为一个单位工程。

7. 混凝土浇筑完毕后，强度达到（ ）$N/mm^2$ 前不得在其上踩踏或安装模板及支架。

8. 预应力混凝土结构中，（ ）使用含氯化物的外加剂。

9. 模板及其支架应根据工程结构形式、（ ）、（ ）、施工设备和材料供应等条件进行（ ）。

10. 屋面防水层合理使用年限是指屋面防水层能满足（ ）的年限。

11. 屋面保温层干燥有困难时，应采用（ ）措施。

12. 地下防水工程所使用的防水材料，应有产品的（ ）和（ ）报告，材料的（ ）、（ ）、（ ）等应符合现行国家产品标准和设计要求。

13. 建筑地面是建筑物（ ）和（ ）的总称。

14. 建筑外门窗的安装必须牢固，在砌体上安装门窗严禁用（ ）固定。

15. 建筑装饰装修分部工程分为（ ）个子分部工程，（ ）个分项工程。

### 二、选择题

1. 抽样方案是指（ ）。

a. 根据检验项目的特性所确定的抽样技巧

b. 根据检验项目的特性所确定的抽样目标

c. 根据检验项目的特性所确定的抽样数量和方法

d. 根据检验项目的特性所确定的抽样计划

2. 观感质量指（ ）。

a. 通过观察和必要的量测所反映的工程内在质量

b. 通过观察和必要的量测所反映的工程质量

c. 通过观察和必要的量测所反映的工程外在质量

d. 凭检查人员的感觉所反映的工程外在质量

3. 检验批的质量检验，应根据检验项目的特点在哪些抽样方案中进行选择？（　　）

a. 计量、计数或计量-计数等抽样方案

b. 一次、二次或多次抽样方案

c. 经实践检验有效的抽样方案

d. 由甲方指定抽样

4. 检验批的质量检验，应根据检验项目的特点在哪些抽样方案中进行选择？（　　）

a. 计量、计数或计量-计数等抽样方案

b. 一次、二次或多次抽样方案

c. 经实践检验有效的抽样方案

d. 由甲方指定抽样

5. 当分部工程较大或较复杂时，可按（　　）划分为若干子分部工程。

a. 材料种类　b. 施工特点　c. 施工程序

d. 专业系统及类别　e. 变形缝

6. 分项工程应按（　　）等进行划分。

a. 主要工种　b. 材料　c. 施工工艺

d. 设备类别　e. 施工特点

7. 检验批可根据施工及质量控制和专业验收需要按（　　）等进行划分。

a. 楼层　b. 施工段　c. 变形缝　d. 材料

8. 主体结构分部工程应包括（　　）子分部。

a. 混凝土结构　b. 劲钢（管）混凝土结构　c. 砌体结构

d. 钢结构　e. 木结构　f. 网架和索膜结构

9. 建筑屋面分部工程应包括（　　）。

a. 卷材防水屋面　b. 涂膜防水屋面　c. 刚性防水屋面

d. 瓦屋面　e. 隔热屋面

10. 室外建筑环境单位工程包括（　　）子单位工程。

a. 附属建筑　b. 室外环境　c. 室外给排水与采暖　d. 室外电气

11. 砂浆现场拌制时，各组分材料应采用（　　）。

a. 体积　b. 重量　c. 体积和重量

12. 砌筑砖砌体时，砖应提前（　　）d 浇水湿润。

a. 1～2　b. 1～3　c. 2～3　d. 1/2～1

13. 框架柱主筋外露（　　）。

a. 不是缺陷　b. 一般缺陷　c. 严重缺陷

14. 悬臂构件底模板拆除时，同条件养护试件强度应达到设计的混凝土立方体抗压强度标准值的（　　）%。

a. 75　b. 80　c. 90　d. 100

15. 结构实体钢筋保护层厚度检验时，梁、柱节点位置箍筋密集，抽取钢筋检验时（　　）避开。

a. 可以　b. 不得　c. 必须　d. 不宜

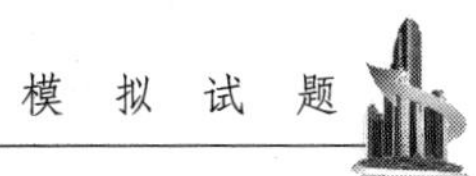

16. 屋面细石混凝土防水层混凝土水灰比不应大于（　　）。

a. 0.40　　b. 0.60　　c. 0.55　　d. 0.45

17. 屋面防水所需密封材料的质量必须符合设计要求，检验方法是检查其（　　）。

a. 产品出厂合格证　　b. 质量检验报告　　c. 配合比

d. 现场抽样复验报告　　e. 计量措施

18. 后浇带的防水施工时，后浇带应在其两侧混凝土龄期达到（　　）后再施工。后浇带应采用补偿收缩混凝土，其强度等级（　　）两侧混凝土，其养护时间不得少于（　　）。

a. 28d　　b. 42d　　c. 30d　　d. 14d

e. 必须等于　　f. 不得等于　　g. 不得低于　　h. 甲方规定

19. 下列术语含义不正确的有（　　）。

a. 纵向缩缝是垂直于混凝土施工流水作业的缩缝

b. 横向缩缝是平行于混凝土施工流水作业方向的缩缝

c. 基土是底层地面的地基土层

d. 结合层是面层与下一构造层相联结的中间层

20. 施工单位应遵守有关环境保护的法律法规，并应采取有效措施控制（　　）的各种粉尘、废气、废弃物、（　　）、振动等对周围环境造成的（　　）和危害。

a. 施工现场　　b. 噪声　　c. 污染　　d. 环境

21. 安装金属门窗和塑料门窗，我国规范规定采用（　　）方法施工。

a. 边安装边砌口　　b. 先安装后砌口　　c. 预留洞口

22. 根据法的效力等级，《建设工程质量管理条例》属于（　　）。

a. 法律　　b. 部门规章　　c. 行政法规　　d. 单行条例

23. 某施工单位法定代表人授权市场和约部经理赵某参加某工程招标活动，这个行为属于（　　）。

a. 法定代理　　b. 委托代理　　c. 指定代理　　d. 表见代理

24. 甲建设单位委托乙设计单位编制工程设计图纸，但未约定该设计著作权归属。乙设计单位注册建筑师王某被指派负责该工程设计，则该工程设计图纸许可使用权归（　　）享有。

a. 甲建设单位　　b. 乙设计单位　　c. 注册建筑师王某　　d. 甲、乙两单位共同

**三、判断题**

1. 砌体灰缝内的钢筋应采取防腐措施。（　　）

2. 对于长期暴露在潮湿环境中的木构件，经过防火处理后尚应进行防水处理。（　　）

3. 两根直径不同钢筋的搭接长度，以较粗钢筋的直径计算。（　　）

4. 一道防水设防是指屋面防水层中的一道防水层。（　　）

5. 种植屋面防水层是否有渗漏现象通过蓄水至规定高度观察检查。（　　）

6. 板块面层铺设后，表面应浇水养护，养护时间不少于 7d。（　　）

7. 建筑物的主体结构或围护结构为基体。（　　）

8. 抹灰工程应分段进行。（　　）

**四、简答题**

1. 检验批合格质量应符合哪些规定?

2. 土方开挖的顺序、方法除必须与设计工况相一致外，还应遵循什么原则？

3. 简述浇筑混凝土之前，钢筋和预应力隐蔽工程验收的内容。

4. 在屋面防水施工时，如何用简易办法检验基层的干燥程度？

5. 屋面变形缝的防水构造应符合哪些要求？

6. 地下防水混凝土浇筑层过厚，会造成什么后果？应采取哪些措施？

7. 地面子分部工程质量验收应检查哪些安全功能和项目？

8. 建筑物的主体结构或围护结构为基体。

**五、案例分析题**

某建筑工程建筑面积 205 000$m^3$，混凝土现浇结构，填充墙采用小型空心砌块砌筑。筏形基础，地下三层，地上 12 层，基础埋深 12.4m，该工程位于繁华市区，施工场地狭小。

基坑开挖到设计标高后，施工单位和监理单位对基坑进行了验槽，并对基底进行了钎探。发现有部分软弱下卧层，施工单位于是针对此问题制定了处理方案并进行了处理。基础工程正常施工，基础施工完毕后用粉质黏土进行回填，其含水量为 14%。

问题：

1. 对该现浇混凝土工程所用材料、施工过程和实体应检查哪些内容？

2. 对填充墙的小型空心砌块砌体应检查哪些内容？

3. 基坑验槽的重点是什么？施工单位对软弱下卧层的处理是否妥当？说明理由。

4. 施工单位和监理单位两家单位共同进行工程验槽的做法是否妥当？说明理由。

5. 基坑回填土采用粉质黏土的含水量是否符合要求？施工过程中除检查含水量外，还应检查哪些内容？

# 质量员专业管理实务模拟试题B

## 一、填空题

1. （　　　）是工程验收的最小单位，是分项工程乃至整个建筑工程质量验收的基础。

2. 检验批和分项工程是建筑工程质量的基础，因此所有检验批和分项工程均由（　　）或（　　　）组织验收。

3. 建筑工程施工应符合（　　　　　）、（　　　　　）的要求。

4. 土方工程开挖前应检查（　　　　）、排水和（　　　　）系统，合理安排土方运输车的行走路线及弃土场。

5. 建设单位收到工程验收报告后，应由（　　　　）（项目）负责人组织施工（含分包单位）、设计、监理等单位（项目）负责人进行单位（子单位）工程验收。

6. 小砌块砌筑时，在天气干燥炎热的情况下，可提前（　　　　）湿润小砌块；对轻骨料混凝土小砌块，可提前（　　　　）湿润。小砌块表面有（　　　　），不得施工。

7. 室外工程可根据（　　　　）和（　　　　）划分单位（子单位）工程。

8. 结构实体检验的内容应包括混凝土（　　　　），钢筋（　　　　）厚度，以及工程合同约定的范围。

9. 对预埋件的外露长度，只允许有（　　　　）偏差，不允许有（　　　　）偏差。而对于预留洞内部尺寸，只允许有（　　　　）偏差，不允许有（　　　　）偏差。

10. 屋面（含天沟、檐沟）找平层的排水坡度，必须符合设计要求，其检验方法是（　　　　　　　　　　　　　　　　）。

11. 地下防水工程是一个子分部工程，其包括的四个部分为（　　　　）、（　　　　）、（　　　　）和（　　　　）。

12. 地下防水工程用卷材防水时应采用（　　　　　　　）和（　　　　　　　）。所选用的基层处理剂、胶粘剂、密封材料配套材料，均应与铺贴的卷材材性（　　　　）。

13. 建筑地面工程完工后，应对面层采取（　　　　）措施。

14. 吊顶工程应对人造木板的（　　　　）含量进行复验。

## 二、选择题

1. 相关各专业工种之间，应进行（　　）检验。

a. 自检　　　　b. 互检　　　　c. 交接检

2. 涉及结构安全的试块、试件以及有关材料，应按规定进行（　　）检测。

a. 见证取样　　　　b. 抽样　　　　c. 复试

3. 对涉及结构安全和使用功能的重要分部工程应进行（　　）检测。

a. 见证取样　　　　b. 抽样　　　　c. 复试

4. 清水砌体勾缝分项工程属于（　　）分部工程。

a. 抹灰子分部工程　　　　b. 细部子分部工程

c. 涂饰子分部工程　　　　d. 幕墙子分部工程

5. 地下防水工程属于（　　）。

a. 独立的分部工程　　b. 地基与基础分部工程中的子分部工程

c. 主体结构分部工程中的子分部　　d. 分项工程

6. 土方回填施工过程中应检查下列哪些内容？（　　）

a. 排水措施　　b. 每层填筑厚度

c. 含水量控制　　d. 压实程度

7. 建筑工程质量验收应划分为（　　）。

a. 单位（子单位）工程　　b. 分部（子分部）工程

c. 分项工程　　d. 子分项工程　　e. 检验批

8. 砖砌体工程中竖向灰缝不得出现（　　）。

a. 透明缝　　b. 瞎缝　　c. 假缝　　d. 通缝

9. 当施工中或验收时出现下列哪些情况，可采用现场检验方法对砂浆和砌体强度进行原位检测或取样检测，并判定其强度（　　）。

a. 砂浆试块缺乏代表性或试块数量不足

b. 对砂浆试块的试验结果有怀疑或有争议

c. 砂浆试块的试验结果，不能满足设计要求

d. 砂浆试块具有代表性，不能满足设计要求

10. 冬期施工填实室内地面以下砌体小砌块的孔洞，属构造措施，主要目的是（　　）。

a. 提高砌体的耐水性

b. 提高砌体的耐久性

c. 预防或延缓冻害

d. 减轻地下水中有害物质度砌体的侵蚀

11. 模板在分部工程验收时，模板分项（　　）参与混凝土结构子分部工程质量的验收。

a. 必须　　b. 可以　　c. 可以不　　d. 不可以

12. 模板及其支架应具有足够的（　　）。

a. 承载能力　　b. 刚度　　c. 稳定性　　d. 耐久性

13. 混凝土结构子分部工程施工质量验收合格应符合下列哪几项规定？（　　）

a. 有关分项工程施工质量验收合格

b. 应有完整的质量控制资料

c. 观感质量验收合格

d. 结构实体检验结果满足验收规范要求

14. 卷材防水屋面子分部工程包含的分项工程有（　　）。

a. 保温层　　b. 找平层　　c. 卷材防水层　　d. 细部构造

15. 屋面涂膜防水层在天沟、檐沟、檐口、水落口、泛水、变形缝和伸出屋面管道的防水构造，必须符合设计要求，其检验方法是（　　）。

a. 检查出厂合格证　　b. 质量检验报告

c. 现场抽样复验报告　　d. 计量措施

16. 地下防水混凝土的变形缝、（　　）等细部构造，均须符合设计要求，严禁有渗漏，

其检验方法是观察检查和检查隐蔽工程。

a. 施工缝　　b. 后浇带　　c. 穿墙管道　　d. 埋设件

17. 地下防水工程中间检查记录包括（　　）。

a. 分项工程质量验收记录

b. 隐蔽工程检查验收记录

c. 施工日志

d. 施工检验记录

18. 建筑地面工程子分部工程观感质量综合评价应检查下列项目（　　）。

a. 变形缝的位置和宽度以及填缝质量应符合规定

b. 室内建筑地面工程按各子分部工程经抽查分别作出评价

c. 楼梯、踏步等工程项目经抽查分别作出评价

19. 门窗安装前，应对（　　）尺寸进行检验。

a. 门窗洞口　　b. 门窗框　　c. 门窗扇

20. 涂饰工程应在（　　）进行质量验收。

a. 涂层养护期间　　b. 涂层养护期前

c. 涂层养护期满后　　d. 涂层养护期前后

21. 一般抹灰工程运行偏差的检查项目有（　　）。

a. 立面垂直度　　b. 表面平整度

c. 阴阳角方正　　d. 分格条直线度

22. 某建设工程合同约定，建设单位应于工程验收合格交付后两个月内支付工程款。2005 年 9 月 1 日，该工程经验收合格交付使用，但建设单位迟迟不予支付工程款。若施工单位通过诉讼解决此纠纷，则下列情形中，会导致诉讼时效中止的是（　　）。

a. 2006 年 8 月，施工单位所在地突发洪灾，一个月后恢复生产

b. 2007 年 6 月，施工单位所在地发生强烈的地震，一个月后恢复生产

c. 2007 年 7 月，施工单位法定代表人生病住院，一个月后痊愈出院

d. 2007 年 9 月，施工单位向人民法院提起诉讼，但随后撤诉

23. 监理工程师李某在对某工程施工的监理过程中，发现该工程设计存在瑕疵，则李某（　　）。

a. 应当要求施工单位修改设计

b. 应当报告建设单位要求施工单位修改设计

c. 应当报告建设单位要求设计单位修改设计

d. 应当要求设计单位修改设计

24. 某工程项目，建设单位未取得施工许可证便擅自开工，经查建设资金未落实。依照《建筑法》的规定，对此正确的处理方式是（　　）。

a. 责令改正，并处以罚款　　b. 令改正，可以处以罚款

c. 责令停止施工，并处以罚款　　d. 责令停止施工，可以处以罚款

**三、判断题**

1. 工程质量的验收均应在施工单位自行检查评定的基础上进行。（　　）

2. 通过返修或加固处理仍不能满足安全使用要求的分部工程，单位（子单位）工程严

禁验收。（　）

3. 当基底标高不同时，应从高处砌起，并应由高处向低处搭砌。（　）

4. 消石灰可直接用于砌筑砂浆中。（　）

5. 木结构构件的防护处理应在加工至最后的截面尺寸前进行。（　）

6. 两根直径不同钢筋的搭接长度，以较粗钢筋的直径计算。（　）

7. 水泥混凝土垫层的强度等级不应小于 C10。（　）

8. 建筑装饰装修工程施工前应有主要材料的样板或做样板间（件），并经监理单位确认。（　）

**四、简答题**

1. 如何区别返修和返工？

2. 从事地基基础工程检测及见证试验的单位的资质有何要求？

3. 砌体工程验收前，应提供哪些文件和资料？

4. 简述浇筑混凝土之前，钢筋和预应力隐蔽工程验收的内容。

5. 屋面卷材防水层施工时，对卷材铺贴方向有哪些规定？

6. 在地下防水工程渗漏水调查时，常用“#”、“○”、“◇”、“↓”符号表示，请说明这些符号是什么意思？

**五、案例分析题**

某工程位于南四环和三环之间，建筑面积 43 000$m^2$，框架结构筏形基础，地下三层，基础埋深约为 12.8m。混凝土基础工程由某专业基础施工公司组织施工，主体结构由市建筑公司施工，装饰装修工程由市装饰公司施工。其中基础工程于 2003 年 8 月开工建设，同年 10 月基础工程完工。混凝土强度等级 C35，在施工过程中，发现部分试块混凝土强度达不到设计要求，但对实际强度经测试论证，能够达到设计要求。主体和装修于 2005 年 6 月完工，工程竣工归档时，基础公司和装饰公司将资料移交给市建筑公司。

问题：

1. 该基础工程验收该如何组织？

2. 该基础工程质量验收合格应符合什么规定？

3. 对混凝土试块强度达不到设计要求的问题是否需要进行处理？为什么？

4. 基础公司和装饰公司将工程档案移交给建筑公司的做法是否正确？为什么？

5. 该工程地基检查验收可采用什么方法？

# 质量员专业管理实务模拟试题 C

## 一、填空题

1. 具备（　　　　）条件并能形成（　　　　）的建筑物及构筑物为一个单位工程。

2. 室外工程可根据（　　　　）和（　　　　）划分单位（子单位）工程。

3. 建设单位收到工程验收报告后，应由（　　　　）（项目）负责人组织施工（含分包单位）、设计、监理等单位（项目）负责人进行单位（子单位）工程验收。

4. 地基施工结束，宜在一个（　　　　）后，进行质量验收，间歇期由设计单位确定。

5. 石砌体采用的石材应（　　　　）、（　　　　）和（　　　　）。用于清水墙、柱表面的石材，应（　　　　）。

6. 直接承受动力荷载的结构构件中，纵向受力钢筋的接头不宜采用（　　　　）接头，可采用（　　　　）连接接头。

7. 对于大体积混凝土的养护，应根据气候条件按施工技术方案采用（　　　　）措施。

8. 屋面工程施工前，施工单位应进行图纸会审，并应编制屋面工程（　　　　）或技术措施。施工时，应建立各道工序的（　　　　）、（　　　　）和（　　　　）的“三检”制度，并有完整的检查记录。每道工序完成，应经监理单位（或建设单位）检查验收，（　　　　）方可进行下道工序的施工。

9. 倒置式屋面应采用吸水率小，长期浸水不腐烂的保温材料。保温层上应用（　　　　）、（　　　　）或卵石做保护层，卵石保护层与保温层之间，应干铺一层无纺聚酯纤维布做(　　　　)。

10. 地下防水穿墙管止水环与主管或翼管与套管应（　　　　），并做好（　　　　）处理。

11. 地下防水工程盲沟排水时盲沟在转变处和高低处应设置（　　　　），出口处应设置（　　　　）。

12. 建筑地面工程施工质量中各类面层子分部工程的面层铺设与其相应基层铺设的分项工程施工质量检验应全部（　　　　）。

13. 建筑装饰装修工程设计必须保证建筑物的（　　　　）和（　　　　）。当涉及主体和承重结构（　　　　）必须由原结构设计单位或具备相应资质的设计单位检查有关原始资料，对既有建筑结构的（　　　　）进行核验、确认。

14. 饰面板当安装过程的预埋件（或后置埋件）、连接件的数量、规格、位置、连接方法和防腐处理必须符合（　　　　）。后置埋件的（　　　　）必须符合设计要求，饰面板安装必须牢固。

## 二、选择题

1. 施工现场质量管理检查记录应由施工单位按表填写，（　　）进行检查，并作出检查结论。

a. 施工单位技术负责人　　　　b. 项目质量员

c. 总监理工程师　　　　d. 项目施工员

2. 通过返修或加固处理仍不能满足安全使用要求的分部工程、单位（子单位）工程应（　　）。

a. 协商验收　　b. 严禁验收　　c. 甲、乙方商定　　d. 由上级批示后可验收

3. 单位工程由分包单位施工时，分包单位对所承包的工程项目应按本标准规定的程序检查评定，总包单位应派人参加。分包工程完成后，应将工程有关资料交（　　）。

a. 建设单位　　b. 监理单位　　c. 档案管理部门　　d. 总包单位

4. 施工现场质量管理应有相应的（　　）。

a. 施工技术标准　　b. 健全的质量管理体系

c. 施工质量检验制度　　d. 综合施工质量水平评定考核制度

5. 土方工程填方结束后，表面平整度采用下列哪种方法进行检查？（　　）

a. 靠尺　　b. 水准仪　　c. 目测　　d. 观察

6. 分部工程的确定应按（　　）确定。

a. 专业性质　　b. 建筑部位　　c. 施工工艺

d. 工种　　e. 施工段

7. 施工时所用的混凝土小空心砌块的产品龄期不应小于（　　）。

a. 3d　　b. 7d　　c. 14d　　d. 28d

8. 结构实体检验的内容应包括（　　）。

a. 混凝土强度　　b. 钢筋保护层厚度

c. 工程合同约定的项目　　d. 钢筋规格、数量

9. 下列现浇结构的外观质量缺陷，属于严重缺陷的是（　　）。

a. 框架柱子上有蜂窝、麻面现象　　b. 框架梁上箍筋外露

c. 框架梁上有孔洞　　d. 框架柱上有混凝土不密实现象

10. 屋面水泥砂浆、细石混凝土找平层应平整、压光，不得有（　　）现象。

a. 酥松　　b. 起砂　　c. 起皮　　d. 渗漏

11. 屋面密封材料嵌填必须（　　），黏结牢固，无气泡、开裂、脱落等缺陷。

a. 密实　　b. 连续　　c. 符合设计要求　　d. 饱满

12. 预留地坑、孔洞、沟槽内的防水层，应与孔（槽）外的结构防水层（　　）。

a. 根据施工情况定　　b. 保持连续

c. 可以局部设防　　d. 和甲方商量

13. 地下防水工程渗水的检测方法有（　　）。

a. 请试验室人员来测定含水率

b. 检查人员用干手触摸可感觉到水分浸润

c. 用吸墨纸或报纸贴附，纸灰浸润变颜色

d. 用棉布擦墙面观察

14. 进行地下防水工程验收时，检查施工方案这一项，其内容有（　　）。

a. 施工方法　　b. 技术措施　　c. 材料进场检验措施

d. 安全保证措施　　e. 质量保证措施

15. 高层建筑的标准层可按每（　　）层作为一检验批。

a. 4　　b. 3　　c. 2

16. 建筑地面工程采用的材料应（　　）。

a. 按设计要求和《建筑地面工程施工质量验收规范》的规定选用，并应符合国家标准的规定

b. 进场材料应有中文质量合格证明文件、规格、型号及性能检测报告

c. 必须有复验报告

d. 重要材料应有复验报告

17. 当建筑工程只有装饰装修分部工程时，该工程应作为（　　）验收。

a. 分项工程　　b. 分部工程　　c. 单位工程

18. 建筑装饰装修工程的电器安装应符合（　　），严禁不经（　　）直接埋设电线。

a. 业主要求　　b. 设计要求　　c. 国家现行标准的规定　　d. 穿管

19. 检查满粘法施工的饰面砖工程空鼓、裂缝的方法为（　　）。

a. 观察　　b. 检查记录　　c. 检查操作

20. 使用财政预算资金的建设项目，需要设备采购的单项合同估算价最低在（　　）万元人民币以上的，必须进行招标。

a. 50　　b. 100　　c. 200　　d. 3000

21. 某施工项目招标，招标文件开始出售的时间为 3 月 20 日，停止出售的时间为 3 月 30 日，提交招标文件的截止时间为 4 月 25 日，评标结束的时间为 4 月 30 日，则投标有效期开始的时间为（　　）。

a. 3 月 20 日　　b. 3 月 30 日　　c. 4 月 25 日　　d. 4 月 30 日

22. 甲、乙两个同一专业的施工单位分别具有该专业二、三级企业资质，甲、乙两个单位的项目经理数量合计符合一级企业资质要求。甲、乙两单位组成联合体参加投标则该联合体资质等级应为（　　）。

a. 一级　　b. 二级　　c. 三级　　d. 暂定级

**三、判断题**

1. 综合验收结论由参加验收各方共同商定，建设单位填写，应对工程质量是否符合设计和规范要求及总体质量水平做出评价。（　　）

2. 凡规定抽样检查的项目，应在全数观察的基础上，对重要部位和观察难以判定的部位进行抽样检查。（　　）

3. 弯折钢筋敲直后可作为受力钢筋使用。（　　）

4. 两根直径不同钢筋的搭接长度，以较粗钢筋的直径计算。（　　）

5. 承重木结构方木腐朽在材质上允许出现。（　　）

6. 地下防水等级是指地下工程所设计的抗渗等级。（　　）

7. 建筑装饰装修工程的防火、防雷和抗震设计应符合技术标准的规定。（　　）

**四、简答题**

1. 单位（子单位）工程质量验收合格应符合哪些规定？

2. 什么叫结构性能检验？

3. 简述浇筑混凝土之前，钢筋和预应力隐蔽工程验收的内容。

4. 在屋面防水施工时，如何用简易办法检验基层的干燥程度？

5. 地下防水隐蔽工程验收记录应包括哪些内容？

6.《建筑地面工程施工质量验收规范》中，对水泥砂浆试块组数有哪些规定?

**五、案例分析题**

某市阳光花园小区5号楼为6层混合结构住宅楼，设计采用混凝土小型砌块砌筑，墙体加构造柱，施工过程中，发现部分墙体出现裂缝，经处理后继续施工，竣工验收合格后，用户入住。在用户装修时，发现墙体空心，经核实原来设计有构造柱的地方只放置了少量钢筋，而没有浇筑混凝土，最后经法定检测单位采用红外线照相法统计发现大约有75%墙体中未按设计要求加构造柱，只在一层部分墙体中有构造柱，造成了重大的质量隐患。

问题：

1. 混合结构住宅楼工程质量验收的基本要求是什么?
2. 对该工程有裂缝的砌体应如何验收?
3. 该工程已交付使用，施工单位是否需要对此问题承担责任?为什么?
4. 单位工程验收合格的标准是什么?
5. 砌体结构子分部工程验收前，应提供哪些文件和记录?

# 参 考 文 献


[1] 杨澄宇，周和荣. 建筑施工技术与机械. 北京：高等教育出版社，2006.

[2]《混凝土结构施工质量验收规范》(GB 50204—2002).

[3] 河北城建学校实训楼结构施工图. 设计单位：石家庄昊千建筑设计有限公司.

[4]《建筑工程施工质量验收统一标准》(GB 50300—2001).

[5] 03G101—1《混凝土结构施工图　现浇混凝土框架、剪力墙、框架-剪力墙、框支剪力墙结构》. 主编单位：中国建筑标准设计研究院.

[6]《砌体工程质量验收规范》(GB 50203—2002).

[7]《河北城建学校实训楼》施工组织设计. 编制单位：中泰建筑公司.

[8]《地下防水工程质量验收规范》(GB 50208—2002).

[9]《建筑地基基础工程施工质量验收规范》(GB 50202—2002).

[10]《屋面工程质量验收规范》(GB 50207—2002).

[11]《地基基础施工质量验收规范》(GB 50202—2002).

[12]《建筑地面工程施工质量验收规范》(GB 50209—2002).

[13]《建筑装饰装修工程质量验收规范》(GB 50210—2001).

[14] 吴松勤. 建筑工程施工质量验收规范应用讲座. 北京：中国建筑工业出版社，2002.